EBS 대표강사 김청해 · 장은경 선생님이 알려주는

중학과학
개념 레시피

물리 · 화학

EBS 대표강사 김청해 · 장은경 선생님이 알려주는

중학과학 물리 · 화학
개념 레시피

김청해 · 장은경 지음

중학 과학의 핵심 개념을 모두 담았어요.
3년 동안 이 책 하나면 과학이
더이상 두렵지 않을 거예요.

알면 알수록 단순한 과학!

고개를 들어 밤하늘을 본 적이 있나요? 밤하늘의 별자리가 달라지는 것을 통해 우리는 지구가 운동하고 있다는 것을 알 수 있어요. 그럼 지구는 왜 태양 주위를 운동하는 걸까요? 또, 그 힘은 무엇일까요?

고개를 돌려 주변을 볼까요? 우리 주변의 물질들은 모두 무엇으로 이루어져 있을까요? 세상의 모든 물질은 원자로 이루어져 있어요. 그리고 원자는 그 중심의 원자핵과 원자핵 주변을 운동하고 있는 전자로 구성되어 있죠. 그렇다면 전자는 왜 원자핵 주변을 운동하는 걸까요?

태양 주위를 운동하고 있는 지구, 원자핵 주위를 운동하고 있는 전자. 이들을 운동하게 하는 힘은 다른 힘일까요?

사실 우리는 이 둘을 다른 개념으로 공부하지만, 과학을 좀 더 깊게 공부하다 보면 결국 두 힘의 원리가 같다는 것을 알게 돼요. 참 재미있죠. 너무 커서 크기를 상상할 수도 없는 우주의 원리와, 아주 작아서 보이지도 않는 원자의 원리가 같은 원리라니! 이렇게 과학이라는 과목은 참 재밌어요. 알면 알수록 점점 더 단순해지고 명쾌해지는 과목이거든요!

'과학'하는 머리는 따로 있다?

한 번쯤 들어 봤을 법하거나 생각했을 법한 말이죠? 과학을 좋아하거나 과학을 잘하는 친구들을 보면서 뭔가 다른 비법이 있는 것처럼 생각될 때가 있어요. 머리가 비상하거나, 조금 다른 사고방식을 가지고 태어났을 거라는 선입견! 정말 그럴까요? 결론부터 이야기하면 그렇지 않아요. 그렇다면 무엇이 다른 걸까요? 과학에 흥미가 있다는 것이 차이점일 거예요.

우리 친구들은 좋아하는 연예인이나 좋아하는 운동이 있나요? 왜 그 연예인 혹은 그 운동을 좋아하게 됐나요? 사람마다 가지고 있는 흥미 분야는 모두 다르겠지만, 여기엔 관찰과 발견이라는 공통점이 있어요. 흥미를 가지기 위해서는 어떤 분야든 진지하게 관찰하는 단계가 필요해요. 그리고 그 단계에서 나의 흥미를 끌 수 있는 무언가를 발견하게 되면 흥미가 더욱 커져요. 우리 친구들, 과학 과목을 정말 잘하고 싶나요? 그렇다면 한 번쯤은 진지하게 과학을 바라봐야 해요. 그리고 그 속에 있는 재미를 발견해야 해요.

과학, 첫 느낌이 승패를 좌우한다

앞에서 말한 것처럼 모든 취미와 흥미는 관찰과 발견으로부터 시작해요. 바로 경험이 중요하다는 것이죠. 그렇다면 우리 친구들이 느끼는 '과학'의 첫 느낌은 무엇인가요?

아직 선명하게 떠오르는 과학과의 첫 느낌이 없다면, 선생님은 이 책이 우리 친구들에게 과학의 긍정적인 첫 느낌을 주는 선물이 되었으면 해요.

'과학이 왜 어렵나요?' 선생님이 우리 친구들에게 여러 번 물어봤던 질문이에요. 친구들의 대답은 다양했지만, 그 중 가장 많은 의견은 '과학은 재밌는데, 공부하려고 하면 어려워요'라는 것이었어요. 우리 친구들이 느끼는 것처럼 과학은 정말 재미있는 과목이에요. 그런데 왜 어렵다고 느끼는 걸까요? 그것은 아마도 과학을 단순히 과목으로 인지하고 있기 때문이 아닐까요? 우리가 알고 있던 모르고 있던 우리 주변은 온통 과학으로 가득해요. 내 주변에서 일어나고 있는 현상과 우리가 배운 과학을 연결지으면서 공부해야 흥미를 잃지 않을 수 있어요. 단순히 수식으로만 과학을 접하다 보면 과학의 흥미를 잃고, 어렵다고만 느낄 수 있어요.

과학의 첫 단추, 이 책을 활용하자

우리 친구들이 중학생이 되면서 배워야 할 과학은 물리, 화학, 지구과학, 생명과학으로 세분화할 수 있어요. 물론 네 가지 분야는 모두 긴밀하게 연결되어 있어요. 하지만 하나하나의 개념이 잘 정립되지 않은 상태에서는 연계하여 통합적으로 이해하는 것이 어려워요. 이 책이 우리 친구들의 이런 어려움을 도와줄 수 있을 거예요.

이 책은 중학교 과정에서 꼭 알아야 하는 핵심 개념을 뽑아, 영역별로 단원을 구성했어요. 그리고 앞 단원과 뒤의 단원의 연계성을 고려하여 체계적인 학습이 가능하도록 구성했어요. 또한, 각 영역의 필요한 단원을 선택하여 학습하기에도 최적화되어 있어요.

이 책으로 과학을 학습한다면, 중학생이라면 알아야 할 과학 핵심 개념들이 연계성을 가지고 정리되는 것을 느낄 수 있을 거예요.

기억과 이해는 다른 영역이다

제가 우리 친구들에게 자주 듣는 말 중의 하나가 내용은 분명히 이해하고 있는데 문제 풀기는 어렵다는 것이에요. 정말 그럴까요? 내용을 아는 것과 문제를 푸는 것은 별개일까요? 그렇지 않아요. 그런데 왜 문제를 잘 풀 수 없는 걸까요? 개념이 정확하게 잡히지 않았기 때문이에요. 개념을 정확하게 잡을 수 있는 방법을 알려드릴게요.

우리 친구들은 과학을 체계적으로 공부하는 첫 시작점에 서 있어요. 영어를 공부하기 위해서는 알파벳을 알아야 하는 것처럼 과학을 공부하기 위해서는 과학의 기본적인 구성을 알아야 해요. 즉, 기억해야 하는 것과 이해해야 하는 것을 구분해야 해요. 먼저 꼭 기억해야 하는 내용들이 있는데, 이 내용을 알고 있지 않다면 이해는커녕 점점 더 혼란스러워질 수 있어요. 그런데 문제는 이해해야 하는 부분까지 기억하려고 하는 것이에요. 예를 들면, 화학식은 기억해야 할까요? 이해해야 할까요? 화학식을 구성하고 있는 원소 기호는 기억해야 해요. 하지만 원자들의 결합 방법, 그렇게 만들어지는 화학식은 이해해야 하는 영역이에요. 그런데 많은 학생들이 이것까지 기억하려고 하기 때문에 과학을 늘 외울 것이 많은 과목으로 느끼는 것이에요. 이 책을 통해서 기억해야 할 것과 이해해야 할 것을 구분한다면 우리 친구들은 과학을 즐겁게, 또 쉽게 공부할 수 있을 거예요.

이 책은 교과서와 수업에서만 과학을 접하던 우리 친구들이 과학을 좀 더 쉽게 이해할 수 있도록 스토리텔링 형식으로 꾸몄어요. 읽는 것만으로 자연스럽게 과학의 개념을 이해하고 내 것으로 받아들일 수 있지요. 중학교 3년 동안 우리 친구들이 알아야 할 과학의 핵심 개념이 모두 담겨 있으니 3년 동안 이 책 하나면 더 이상 과학이 두렵지 않을 거예요. 이 책이 우리 친구들에게 큰 도움이 되기를 바라는 마음으로 오늘도 파이팅이에요.

EBS 중학 대표강사 김청해

지피지기면 백전백승
**물리와 화학의 특징을 알면
공부하는 데 더 수월하겠죠?**

물리 공략하기

물리는 자연의 물리적인 성질이나 현상을 탐구하는 과학이라고 할 수 있어요. 예를 들어, 축구공을 골대에 넣기 위해 얼마만큼의 힘을 어느 방향으로, 어느 지점에 주어야 할지 고민해 본 적이 있나요? 축구공이 움직이는 원인이 무엇인지, 어떠한 원리로 움직이는지 등을 설명하는 과학이 바로 물리예요.

물리는 다른 과학 과목에 비해 수학적인 요소가 많이 포함되어 있어요. 수학처럼 똑떨어지는 재미가 있는 과목이 물리이지요. 그래서 다른 과학 과목보다 수식이나 단위가 많이 나와요. 단순히 수식을 외우는 것에서 나아가 그 수식이 어떻게 나타나게 되었는지 과정을 생각하는 것이 좋아요. 그리고 이것저것 얽혀 있는 상황이라도 수식에 등장하는 각각의 물리량을 찾아내어 수식에 대입하면 마법같이 답이 '뿅'하고 튀어나오죠.

중학교에서는 어떤 단원이 물리에 해당할까요? 중학교 교육과정에서 물리는 '여러 가지 힘', '빛과 파동', '전기와 자기', '열과 우리 생활', '운동과 에너지', '에너지 전환과 보존' 총 6개의 단원으로 이루어져 있어요.

'여러 가지 힘' 단원에서는 물체의 모양이나 운동을 변화시키는 힘을 중력, 탄성력, 마찰력, 부력으로 나누어 살펴볼 거예요. 이 단원에서는 네 가지 힘의 특징을 서로 비교해서 알아두는 것이 도움이 돼요. 그리고 무게와 질량의 차이를 꼭 알아두어야 해요.

'빛과 파동' 단원에서는 에너지가 전달되는 과정인 파동의 특성을 공부할 거예요. 특히 빛과 관련해서는 물체를 보는 과정을 빛의 경로와 관련지어서 이해하는 것이 중요해요. 그래서 빛의 시작에서 도착까지 어떻게 이동하는지를 선이나 화살표로 그려 보면 개념을 얼마나 이해하고 있는지 명료하게 알 수 있지요. 그리고 거울과 렌즈를 가지고 직접 상을 관찰하면서 빛의 경로를 생각하면 빛의 성질을 이해하는 데 도움이 될 거예요. 또한, 소리의 3요소는 악기를 연주할 때의 장면을 떠올리면 쉽게 이해할 수 있어요.

'전기와 자기' 단원에서는 전기와 자기가 서로 상호 작용한다는 것을 배우게 돼요. 전기와 관련해서는 전기 회로에서 전압, 전류, 저항의 관계를 이해하는 것이 중요해요. 그리고 전류에 의해 만들어지는 자기장의 모습과 방향, 자기장 속에서 전류가 흐르는 도선이 받는 힘의 방향을 오른손을 이용하여 쉽게 예측할 수 있어요.

'열과 우리 생활' 단원에서는 '열'이라는 에너지가 뜨거운 물체에서 차가운 물체로 이동하여 전체의 온도가 같아지는 원리를 입자 운동의 관점에서 배우게 될 거예요. 우리 생활에서 이용되는 냉난방 기구나 조리 도구 등을 떠올리면 열의 이동 방식이나 비열, 열용량의 개념을 쉽게 이해할 수 있어요.

'운동과 에너지' 단원에서는 물체의 운동, 에너지, 일의 관계를 다루어요. 물체의 운동은 그래프로 표현하고 해석하는 것이 중요해요. 또, 과학적인 '일'이 일상생활의 '일'과 어떻게 다른지 명확히 정의할 수 있어야 해요.

'에너지 전환과 보존' 단원에서는 에너지가 없어지거나 새로 생기지 않고 단지 형태만 바꿔어 에너지의 총량이 일정하다는 에너지 보존 법칙이 핵심이에요.

화학 공략하기

　책상과 의자처럼 쓰임새를 가지고 있는 사물을 물체라고 하지요? 그렇다면 책상과 의자와 같은 물체를 이루는 나무, 철, 플라스틱과 같은 것을 무엇이라고 할까요? 바로 물질이라고 해요.

　화학은 마치 확대경으로 우리 주변에 있는 여러 가지 물체 내부를 들여다보듯이, 물체를 이루고 있는 물질들의 성질과 변화를 탐구하는 과학이에요. 예를 들어, 우리가 마시는 물이 어떤 성질을 가지고 있는지, 물이 어떻게 만들어지고, 물을 쪼개면 무엇이 되는지 등을 다루지요. 그래서 다른 과학 과목에 비해 스케일은 굉장히 작아요. 눈에 보이지 않는 작은 물질의 세계를 우리가 상상해야 하기 때문에 조금 어렵게 느껴질 수도 있지요. 그러나 화학은 물질과 물질의 반응에 초점을 맞추고 있어 다른 과학 과목에 비해 화려한 볼거리가 많아요. 색이 변하기도 하고, 냄새가 나기도 하고, 불이 붙기도 하고, 폭발하기도 하지요.

　중학교에서는 어떤 단원이 화학에 해당할까요? 중학교 교육과정에서 화학은 '기체의 성질', '물질의 상태 변화', '물질의 구성', '물질의 특성', '화학 반응의 규칙과 에너지 변화' 총 5개의 단원으로 이루어져 있어요.

　'기체의 성질' 단원에서는 기체가 입자로 이루어져 있고, 입자가 끊임없이 움직여서 나타나는 여러 현상들을 배워요. 또한, 압력이나 온도에 의해 기체의 부피가 달라지는 과정을 입자의 운동 상태의 변화로 설명할 수 있어야 해요. 그리고 이러한 원리가 적용된 실생활의 예를 찾아보는 것이 중요해요.

'물질의 상태 변화' 단원에서는 우리 주변의 물질들이 고체, 액체, 기체로 이루어져 있고, 이러한 상태는 서로 변할 수 있다는 것이 핵심이에요. 그래서 우리 주변에서 관찰할 수 있는 상태 변화의 예를 꼭 찾아보아야 해요. 또, 상태가 변할 때, 입자의 배열이 변한다는 것을 꼭 염두에 두세요.

'물질의 구성' 단원에서는 원자, 분자, 이온이라는 새로운 입자에 대해서 공부해요. 각 입자들의 모형을 직접 그려 보면 각각을 쉽게 구분할 수 있어요. 또, 물질을 표현하는 방법인 원소 기호, 분자식, 화학식 등을 배우는데, 이것은 마치 새로운 언어를 배울 때의 마음가짐으로 규칙을 하나씩 익히고 반복하면 금세 친숙해질 거예요.

'물질의 특성' 단원에서는 우리 주위에 있는 물질들이 가지고 있는 고유한 특성에 대해 살펴볼 거예요. 물질의 고유한 특성을 알면 미지의 물질이 무엇인지 가려낼 수 있고, 섞여 있는 물질 속에서 순수한 물질을 분리할 수 있겠죠? 이 단원에서는 순물질과 혼합물의 차이를 알고, 혼합물을 분리할 때 이용하는 특성이 무엇인지 아는 것이 중요해요.

'화학 반응의 규칙과 에너지 변화' 단원에서는 우리 생활에서 쉽게 관찰할 수 있는 다양한 물질 변화에 대해서 살펴볼 거예요. 그리고 화학 반응이 일어날 때, 물질은 일정한 질량이나 부피의 비율로 반응한다는 새로운 법칙이 등장하는데, 각 법칙을 서로 비교하면 쉽게 이해할 수 있어요. 또한, 화학 반응에 대한 모든 정보를 담고 있는 화학 반응식을 어떻게 꾸리고, 어떻게 해석하는지 살펴볼 거예요. 화학 반응식을 만들 때, 입자 모형을 활용하면 더 쉽게 이해할 수 있다는 것도 알아두세요.

EBS 중학 대표강사 장은경

중학과학, 맛있게 읽는 법

이 책은 중학교 과학 교육과정을 과학 개념에 맞게 통합하여 물리 & 화학의 '핵심 키워드'로 정리하였어요. 다음과 같이 읽으면 어렵던 중학과학이 아주 맛있게 이해될 거예요.

1. 차근차근 하루에 한 개념씩!

우리 친구들, 책 한 권을 사면 꼭 그 자리에서 다 읽어야 한다는 부담을 가지고 있나요? 우리 그러지 말고 하루에 한 개념씩 차근차근 읽어요. 하루에 하나씩 알아가는 과학 지식이 머릿속에 더 콕콕 새겨질 거예요.

2. 학교에서 배운 과학, 중학과학 개념 레시피로 한번 더 쓰윽~

모든 학습의 완성은 복습이에요. "오늘은 꼭! 자기 전에 복습해야지!" 하고 마음 먹지만 실천이 잘 안 되죠? 오늘 학교에서 배운 과학 개념을 중학과학 개념 레시피에서 찾아, 가벼운 마음으로 읽기만 해도 완전한 복습이 될 거예요!

3. 재밌게 읽고 즐겁게 탐구해요.

선생님이 옆에서 설명해 주듯이 친절하고 재미있게 과학 개념을 풀어 썼어요. 또, 우리 친구들이 궁금해 하는 질문들을 뽑아 댓글 형식으로 답을 해 주고, 핵심 탐구 과정을 선생님의 친절한 설명과 함께 이해할 수 있도록 꾸몄어요.

개념을 잡는
핵심키워드

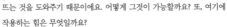

04 부력

물리

부력은 액체가 물체를 밀어 올리는 힘이야!

욕조에 몸을 담그면 두 팔로 몸을 쉽게 들어올릴 수 있을 만큼 몸이 가볍게 느껴져요. 내 몸의 무게가 변한 것은 아닌데 왜 물속에서는 이런 현상이 일어나는 걸까요?

쉽고 친절한
EBS 선생님의
명강의

부력

여름철 물놀이를 가 보면 많은 사람들이 튜브를 사용하는 것을 볼 수 있어요. 왜 사람들은 튜브를 사용할까요? 튜브 안의 공기가 사람이 물에 뜨는 것을 도와주기 때문이에요. 어떻게 그것이 가능할까요? 또, 여기에 작용하는 힘은 무엇일까요?

질량을 가진 모든 물체에는 중력이 작용해요. 사람 역시 고유한 양인 질량을 가지고 있으므로 중력이 작용해요. 중력은 지구 중심 방향을 향하므로 사람이 물속에 들어가면 가라앉아요. 이때 튜브를 사용하면 물에서도 가라앉지 않아요. 이것은 중력의 반대 방향으로 힘이 작용하기 때문인데, 그 힘이 바로 부력이에요. **부력은 액체가 물체를 밀어 올리는 힘이에요.**

> 과학 선생님 @Physics
>
> Q. 부력은 액체 속에서만 작용하나요?
> 공기와 같은 기체 속에서도 부력이 작용해요. 헬륨 풍선이 위로 올라가는 것은 공기가 풍선에 위쪽으로 부력을 작용하기 때문이에요.
>
> #부력 #헬륨풍선 #기체에도부력이작용해!

선생님의 SNS Q&A

학교에서 배운 과학,
중학과학 개념 레시피로 한번 더 쓰윽~

전압이 일정할 때, 전기 회로에 흐르는 전기 저항을 증가시키면 어떨까요? 전류를 흐르게 하는 능력은 일정하므로 전류의 흐름을 방해하는 정도를 증가시키면 전하의 흐름은 감소해요. 따라서 전기 회로에 흐르는 전류는 전기 저항에 반비례한다는 것을 알 수 있어요.

☆ 그림과 함께
이해가 쏙쏙!

기울기는 $\dfrac{1}{저항}$ 이야!

$$전류 = \dfrac{전압}{저항} \rightarrow V = IR,\ R = \dfrac{V}{I}$$

 과학 선생님 @Physics

Q. 전압-전류 그래프에서 기울기는 무엇을 의미하나요?
전압의 변화에 따른 전류 그래프에서 기울기는 저항의 역수예요. 기울기가 클수록 저항이 작아요. 따라서 오른쪽 그래프에서는 물질 A의 저항이 물질 B의 저항보다 큰 것을 알 수 있어요.

#전류와전압은 #비례해 #전압-전류그래프 #기울기는저항의역수

✓ 개념체크

1 같은 물질로 이루어진 전기 저항에서 전기 저항의 크기를 결정하는 두 가지 요인은?
2 전류, 전압, 저항의 관계는?

🖉 1. 도선의 길이와 단면적 2. 전류는 전압에 비례하고, 전기 저항에는 반비례한다.

13. 저항 **79**

개념은 바로바로 체크 ↙

선생님과 함께하는
탐구스타그램

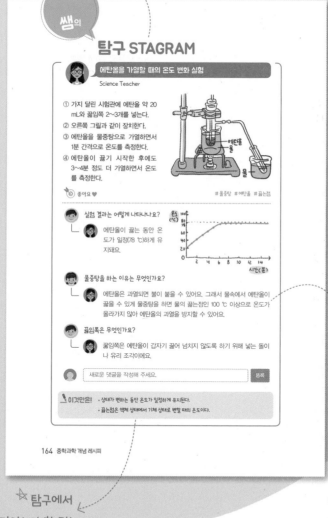

탐구 STAGRAM

에탄올을 가열할 때의 온도 변화 실험

Science Teacher

① 가지 달린 시험관에 에탄올 약 20 mL와 끓임쪽 2~3개를 넣는다.
② 오른쪽 그림과 같이 장치한다.
③ 에탄올을 물중탕으로 가열하면서 1분 간격으로 온도를 측정한다.
④ 에탄올이 끓기 시작한 후에도 3~4분 정도 더 가열하면서 온도를 측정한다.

♡ 좋아요 ♥

\#물중탕 \#에탄올 \#끓는점

실험 결과는 어떻게 나타나나요?
　에탄올이 끓는 동안 온도가 일정(78 ℃)하게 유지돼요.

물중탕을 하는 이유는 무엇인가요?
　에탄올은 과열되면 불이 붙을 수 있어요. 그래서 물속에서 에탄올이 끓을 수 있게 물중탕을 하면 물의 끓는점인 100 ℃ 이상으로 온도가 올라가지 않아 에탄올의 과열을 방지할 수 있어요.

끓임쪽은 무엇인가요?
　끓임쪽은 에탄올이 갑자기 끓어 넘치지 않도록 하기 위해 넣는 돌이나 유리 조각이에요.

새로운 댓글을 작성해 주세요.　[등록]

이것만은!
· 상태가 변하는 동안 온도가 일정하게 유지된다.
· 끓는점은 액체 상태에서 기체 상태로 변할 때의 온도이다.

과학 탐구
Q&A 댓글

☆ 탐구에서
꼭 기억해야 할 것!

교육과정 연계표

핵심 개념

01. 중력
02. 탄성력
03. 마찰력
04. 부력
05. 물체를 보는 과정
06. 빛의 합성
07. 거울과 렌즈를 통해 나타나는 상
08. 평면 거울에서 상이 생기는 원리
09. 파동(횡파와 종파)
10. 소리
11. 정전기 유도
12. 전류과 전압
13. 저항
14. 자기장
15. 열의 이동
16. 열평형
17. 비열과 열팽창
18. 등속 운동
19. 자유 낙하 운동
20. 운동 에너지
21. 위치 에너지
22. 역학적 에너지 전환과 보존
23. 전기 에너지
24. 소비 전력

2015 개정 교육과정

1학년

Ⅰ. 지권의 변화
Ⅱ. 여러 가지 힘
Ⅲ. 생물의 다양성
Ⅳ. 기체의 성질
Ⅴ. 물질의 상태 변화
Ⅵ. 빛과 파동
(Ⅶ. 과학과 나의 미래)

2학년

Ⅰ. 물질의 구성
Ⅱ. 전기와 자기
Ⅲ. 태양계
Ⅳ. 식물과 에너지
Ⅴ. 동물과 에너지
Ⅵ. 물질의 특성
Ⅶ. 수권과 해수의 순환
Ⅷ. 열과 우리 생활
(Ⅸ. 재해·재난과 안전)

3학년

Ⅰ. 화학 반응의 규칙과 에너지 변화
Ⅱ. 기권과 날씨
Ⅲ. 운동과 에너지
Ⅳ. 자극과 반응
Ⅴ. 생식과 유전
Ⅵ. 에너지 전환과 보존
Ⅶ. 별과 우주
(Ⅷ. 과학기술과 인류 문명)

화학

차례
contents

물리

차례
contents

화학

물리

내가 다른 사람보다 더 멀리
볼 수 있었던 것은
거인의 어깨 위에 서 있었기 때문이다.

-뉴턴

01 중력

중력은 지구가 물체를 당기는 힘이야!

사과를 위로 던지면 어떻게 될까요? 잠시 동안은 사과가 위로 올라가지만 곧 아래로 떨어져요. 이렇게 사과가 아래로 떨어지는 이유는 무엇일까요?

힘

밀가루 반죽을 잡아당기면 모양이 변해요. 또, 날아오는 공을 방망이로 치면 공의 모양이 찌그러지면서 운동 방향과 빠르기가 동시에 변해요. 이렇게 물체의 모양이 변했거나, 운동의 방향과 빠르기 등의 운동 상태가 변했다면 그 물체에 힘이 작용했다는 것을 알 수 있어요. 즉, **힘**은 물체의 모양이나 운동 상태를 변하게 하는 원인이에요.

힘을 표시할 때는 화살표를 사용하면 편리해요. 힘의 방향은 화살표가 가리키는 방향, 힘의 크기는 화살표의 길이로 나타낼 수 있어요. 예를 들면, 힘의 크기가 클수록 화살표의 길이를 길게 표현해요. 힘이 가해지는 곳은 힘의 작용점이라고 하는데, 화살표의 출발점이 여기에 해당돼요. 이렇게 **힘의 방향, 힘의 크기, 힘의 작용점** 세 가지를 힘의 3요소라고 해요.

힘의 크기
힘의 방향
힘의 작용점

힘의 단위로는 **N(뉴턴)**을 사용하며, 영국의 물리학자 뉴턴의 이름에서 유래했어요.

이제 중력과 무게에 대해 자세히 알아볼까요?

중력

물체를 위로 힘껏 던지면 그 힘에 의해 물체는 위로 올라가지만, 곧 다시 떨어져요. 위로 향하던 물체가 아래로 떨어진다는 것은 물체의 운동 상태가 변한다는 것이에요.

폭포에서 물이 아래로 떨어지거나 사과가 아래로 떨어지는 것도 같은 원리예요. 그렇다면 어떤 힘이 작용한 것일까요? 이것은 모두 중력이 작용한 예라고 볼 수 있어요.

중력은 지구가 물체를 당기는 힘이에요. 우리는 이러한 중력을 이용하여 번지점프, 다이빙 등의 스포츠를 즐길 수 있어요. 또, 중력을 거스르는 역도나 높이뛰기, 멀리뛰기 등의 스포츠를 즐기기도 해요.

중력의 방향은 지구 중심 방향이며 물체의 질량이 클수록 작용하는 중력의 크기도 커요. 즉, 중력은 질량을 가진 모든 물체에 작용하며, 그 크기는 물체의 질량에 비례해요. 따라서 이러한 중력은 지표면에 있는 물체뿐만 아니라 공중에 떠 있는 물체, 그리고 달에도 작용해요.

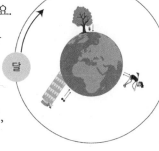

달

 과학 선생님 @Physics

Q. 진공 상태에서는 중력이 작용하지 않나요?

진공 상태는 공기의 저항이 없는 상태를 뜻하며, 중력과는 관계가 없어요. 중력과 공기 저항의 관계를 보여 주는 깃털과 쇠구슬을 떨어뜨리는 실험을 예로 들어 설명할게요. 공기 중에서는 중력뿐만 아니라 공기 저항이 있어 쇠구슬이 먼저 떨어지고 깃털이 나중에 떨어져요. 그런데 진공 상태에서는 깃털과 쇠구슬이 동시에 떨어져요. 이것은 진공 상태에서는 깃털과 구슬 모두 중력의 속도에만 영향을 받기 때문이에요.

#진공은 #단지공기저항이 #없을뿐

무게와 질량

무게와 질량은 어떻게 다를까요? **무게란 물체에 작용하는 중력의 크기**예요. 따라서 단위는 힘의 단위와 같은 N(뉴턴)을 사용해요.

내 몸무게가 중력에 영향을 받는다고!

무게는 용수철저울이나 체중계, 가정용 저울을 사용하여 측정할 수 있어요. 무게는 물체에 작용하는 중력의 크기이므로, 측정 장소가 달라져 물체에 작용하는 중력이 달라지면 물체의 무게도 달라져요. 우리 몸무게도 지구에서 쟀을 때의 무게에 해당해요. 만일 달에서 무게를 쟀다면, 달의 중력의 영향을 받아 몸무게가 적게 나올 거예요. 달의 중력은 지구에서의 중력의 6분의 1에 해당해요.

질량은 물체가 가진 고유한 양이에요. 단위는 kg(킬로그램), g(그램)을 사용하고 윗접시저울이나 양팔저울을 사용하여 측정해요. 질량은 측정 장소가 달라져 물체에 작용하는 중력이 달라진다고 하더라도 물체 고유의 양을 나타내는 값이므로 변하지 않아요.

달에서의 중력은 지구에서의 중력의 약 $\frac{1}{6}$이라고 했죠? 그럼 같은 물체의 무게와 질량을 지구와 달에서 각각 측정하면 어떻게 될까요?

지구에서 질량이 1 kg인 물체의 무게는 9.8 N이에요. 따라서 지구에서 질량이 6 kg인 물체의 무게는 58.8 N이 되겠죠? 달에서 측정하면 어떨까요? 질량은 물체 고유의 양으로 측정 장소에 따라 값이 변하지 않으므로 달에서도 지구와 같은 6 kg이에요.

무게는 어떻게 될까요? 무게는 물체에 작용하는 중력의 크기로 달에서의 중력은 지구에서의 중력의 약 $\frac{1}{6}$이므로 9.8 N으로 측정돼요. 즉, 측정 장소가 달라지면 질량은 변하지 않지만 무게는 변해요.

용수철을 이용한 무게 측정

무게를 측정하는 방법에 대해 알아볼까요? 용수철저울은 용수철에 매단 물체의 무게에 비례하여 용수철이 늘어나는 성질을 이용하여 물체의 무게를 측정하는 도구예요.

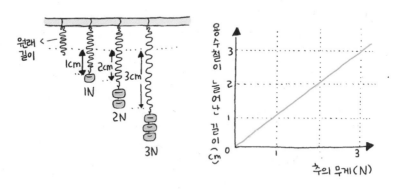

용수철에 매단 추의 무게가 2배, 3배, 4배 등으로 늘어나면 용수철의 길이도 2배, 3배, 4배 등으로 늘어나요. 즉, 용수철이 늘어난 길이는 용수철에 매단 추의 무게에 비례해요.

 과학 선생님 @Physics

Q. 질량은 무엇을 기준으로 하나요?
질량의 표준이 되는 물체를 킬로그램원기라고 하는데, 이 원기의 질량을 1kg으로 정하였어요.

#질량의기준 #킬로그램원기는 #1kg이야

🐱 **개념체크**

1 지구가 물체를 당기는 힘은?
2 물체에 작용하는 중력의 크기는? 또, 물체의 고유한 양으로 측정 장소에 따라 변하지 않는 것은?

📖 1. 중력 2. 무게, 질량

쌤의
탐구 STAGRAM

용수철을 이용하여 물체의 무게 측정 실험

Science Teacher

① 스탠드에 용수철과 자를 설치하고, 용수철 끝부분에 접착제로 이쑤시개를 붙인다.
② 이쑤시개가 가리키는 위치와 자의 눈금 '0'을 일치시 킨다.
③ 질량이 100 g인 추 1개를 용수철에 매달고 용수철이 늘어난 길이를 측정한다.
④ 용수철에 매단 추의 개수를 2개, 3개, 4개 등으로 증 가시키면서 각각 용수철이 늘어난 길이를 측정한다.
⑤ 무게를 모르는 물체를 용수철에 매단 다음, 용수철이 늘어난 길이를 측정한다.

🎯 좋아요 ♥　　　　　　　　#무게 #늘어난용수철의길이 #영점조정 #비례

 실험에서 추의 무게에 따라 늘어난 용수철의 길이는 어떻게 변하나요?

 용수철에 매단 추의 무게가 일정하게 증가할수록 용수철이 늘어난 길이도 일정하게 증가해요.

 용수철저울로 어떻게 물체의 무게를 알 수 있나요?

 용수철이 늘어난 길이는 용수철에 매단 물체의 무게에 비례하므로, 용수철에 물 체를 매달았을 때 용수철이 늘어난 길이 를 측정하면 비례식을 이용하여 물체의 무게를 알 수 있어요.

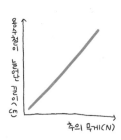

 새로운 댓글을 작성해 주세요.　　　　　　　　등록

 이것만은! • 용수철이 늘어난 길이는 용수철에 매단 물체의 무게에 비례한다.
• 용수철에 물체를 매달았을 때 용수철이 늘어난 길이를 측정하면 비례식을 이용하여 물체 의 무게를 알 수 있다.

물리

02 탄성력

탄성력은 원래 모습으로 되돌아가려는 힘이야!

고무로 만든 운동 밴드를 한쪽 발에 끼워 고정하고 다른 쪽을 손으로 잡아당겨 보세요. 보기에는 가만히 있는 것 같은데 운동이 되는 이유는 무엇일까요?

탄성

자전거 안장은 용수철의 탄성을 이용해서 충격을 흡수한다고 해요. 체육 시간에 사용했던 구름판은 어떤가요? 구름판에 있는 용수철의 탄성을 이용하면 높이 뛰어오를 수 있어요. 그렇다면 탄성은 무엇일까요?

탄성은 힘을 받아 변형된 물체가 원래의 모습으로 되돌아가려는 성질이에요. 그리고 이런 탄성을 가진 물체를 탄성체라고 해요. 탄성체에는 어떤 것이 있을까요? 가장 쉽게 떠오르는 것은 용수철이에요. 용수철에는 누름 용수철과 당김 용수철이 있어요. 누름 용수철은 누르면 용수철의 길이가 줄어들고, 힘이 작용하지 않으면 원래 길이로 되돌아가요. 당김 용수철은 당길 때 용수철 길이가 늘어나고, 힘이 작용하지 않으면 원래 길이로 되돌아가요. 고무줄 역시 탄성체로, 당기면 길이가 늘어나고, 당긴 손을 놓으면 원래 길이로 되돌아가요.

탄성은 항상 작용할까요? 용수철을 있는 힘껏 잡아당기면 어떻게 될까요? 원래의 모양으로 돌아갈까요? 용수철에 작용하는 힘의 크기가 어느 한계 이상이 되면 작용한 힘이 없어져도 물체가 원래 상태로 되돌아가지 못해요. 이때 물체가 원래의 모양으로 되돌아갈 수 있는 한계를 **탄성한계**라고 해요. 힘을 받아 생기는 변형이 탄성 한계를 넘어서면 외부의

힘이 작용하지 않더라도 원래 상태로 되돌아가지 않고 변형된 상태로
남게 되는 것이에요.

탄성력

앞에서 배웠듯이 힘은 물체의 모양이나 운동 상태를 변하게 하는 원
인이에요. 따라서 어떤 물체에 변화가 나타났다면 힘이 작용했음을 알
수 있어요. 용수철을 떠올려 볼까요? 용수철을 양쪽에서 안쪽으로 밀
면 용수철은 압축되겠죠? 힘이 작용하여 물체의 모양이 변한 것이에요.

용수철에 힘이 작용하지 않는다면 어떻게 될까요? 용수철은 원래의 길
이로 되돌아가요. 이번에도 모양이 변했어요. 모양이 변하는 것은 힘이
작용한 것을 의미해요. 이때 작용한 힘이 바로 탄성력이에요. 즉, 힘을 받
아 변형된 물체가 원래 모습으로 되돌아가려는 힘을 탄성력이라고 해
요. 탄성을 가지고 있는 물체, 즉 탄성체인 용수철이 원래의 모습으로
되돌아가려는 힘인 탄성력에 의해 모양의 변화가 일어난 것으로 이해
할 수 있어요.

 과학 선생님 @Physics

Q. 용수철처럼 특정한 물체에만 탄성이 존재하는 건가요?
모든 물체는 크고 작은 탄성을 가지고 있어요. 일반적으로 탄성이 있는 물체라는 것은 탄성
한계 내에서 크게 변형하는 물체를 말해요.

#용수철도   #고무줄도   #탄성체야

개념체크

1 힘을 받아 변형된 물체가 원래의 모습으로 되돌아가려는 성질은?
2 물체가 변형되었을 때 원래의 모습으로 되돌아가려는 힘은?

답 1. 탄성 2. 탄성력

탄성력의 방향

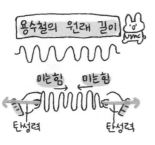
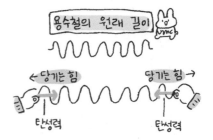

용수철을 양쪽에서 손으로 밀어 볼까요? 외부에서 작용한 힘에 의해 용수철은 압축되겠죠? 이때 힘의 방향은 안쪽을 향해요. 용수철에 작용한 힘이 없어지면 용수철은 탄성에 의해 원래 길이로 돌아가는데, 이때 탄성력의 방향은 바깥쪽을 향해요. 용수철에 작용한 힘의 방향과 탄성력의 방향은 반대임을 알 수 있어요.

이번에는 용수철을 양쪽에서 손으로 당겨 볼까요? 외부에서 작용된 힘에 의해 용수철이 늘어나요. 이때 힘의 방향은 바깥쪽을 향해요. 용수철을 잡고 있는 손을 놓으면 어떻게 될까요? 용수철은 탄성에 의해 원래 길이로 되돌아가요. 이때 탄성력의 방향은 안쪽을 향하네요. 이번에도 용수철에 작용한 힘의 방향과 탄성력의 방향은 반대임을 알 수 있어요.

위의 두 가지 경우에서 탄성체를 변형시켰을 때 탄성체가 원래 모양으로 되돌아가려는 방향으로 탄성력이 작용하므로 탄성력의 방향은 탄성체에 작용하는 힘의 방향과 반대 방향임을 알 수 있어요.

개념체크

1 탄성체를 변형시켰을 때 탄성력이 작용하는 방향은?
2 탄성력의 방향은 탄성체에 작용하는 (   )의 방향과 반대 방향이다.

> 1. 탄성체가 원래 모양으로 되돌아가려는 방향 2. 힘

탄성력의 크기

용수철 인형에 3 N의 힘을 가하면 용수철 길이가 줄어들고, 용수철 인형을 누르고 있는 손을 치우면 힘이 사라져 용수철 인형이 원래의 위치로 되돌아가기 위해 위로 튀어 올

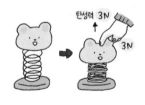

라요. 3 N의 힘을 가해 눌렀으므로 3 N의 힘으로 튀어 오르겠죠. 만약 5 N의 힘으로 용수철 인형을 누른 뒤, 손가락을 치우면 인형은 5 N의 힘으로 튀어 오를 거예요.

이것을 통해 우리는 탄성력의 크기는 탄성체에 작용한 힘의 크기와 같음을 알 수 있어요. 또, 그 힘이 커지면 용수철이 압축된 정도, 변형 정도도 더 커져요. 즉, 탄성력의 크기는 탄성체의 변형 정도에 비례해요.

 과학 선생님 @Physics

Q. 용수철의 길이가 길수록 탄성력이 큰가요?

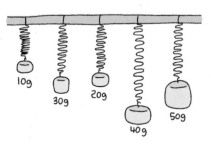

그림과 같이 5개의 용수철에 질량이 다른 추가 매달려 있을 때 추에는 중력이 작용해요. 중력은 물체의 질량에 비례하므로 추를 잡아당기는 힘인 중력이 가장 큰 것은 50 g의 추예요. 탄성력의 크기는 탄성체에 작용한 힘의 크기와 같으므로, 50 g의 추에 작용하는 중력이 가장 크고, 탄성력이 가장 크게 작용해요. 그런데 왜 40 g의 용수철이 더 길게 늘어났을까요? 그것은 5개의 용수철이 모두 다르기 때문이에요. 위의 그림에서는 용수철의 처음 길이를 알 수 없기 때문에, 단순히 용수철의 길이만 보고 탄성력의 크기를 비교할 수는 없어요.

#탄성력의크기는 #탄성체의 #변형정도에 #비례

03 마찰력

마찰력은 물체의 운동을 방해하는 힘이야!!

물놀이 시설에 설치된 미끄럼틀은 놀이터에 있는 미끄럼틀보다 더 잘 미끄러져요. 물기가 있기 때문인데 왜 물을 뿌리면 더 잘 미끄러지는 걸까요?

마찰력의 이용

마찰력은 두 물체의 접촉면 사이에서 물체의 운동을 방해하는 힘이에요. '방해'라는 표현 때문인지 마찰력은 항상 작아야 좋다고 생각하는 오류를 자주 범하게 돼요. 정말 마찰력은 작아야 좋은 걸까요?

눈이 많이 온 날, 자동차 바퀴에 스노 체인이 감겨 있는 것을 볼 수 있어요. 바퀴에 스노 체인을 감으면 마찰력이 커져서 눈길에서도 잘 미끄러지지 않아요. 또, 등산화 바닥은 보통 울퉁불퉁하게 되어 있는데, 이것은 마찰력을 크게 하여 등산을 할 때 잘 미끄러지지 않도록 하기 위해서예요. 스노 체인과 등산화 모두 마찰력을 크게 하여 우리 생활에 편리함을 가져온 경우라고 볼 수 있어요.

겨울 스포츠인 스키를 생각해 볼까요? 스키 바닥에 왁스를 바르면 마찰력이 작아져 스키가 더 잘 미끄러져요. 같은 원리로 미끄럼틀에 물을 흘려주거나, 자전거 체인에 윤활유를 뿌려주면 마찰력이 작아져 더 잘 미끄러지고, 바퀴가 더 잘 회전해요. 모두 마찰력을 작게 하여 우리 생활에 편리함을 가져온 경우라고 볼 수 있어요.

이처럼 마찰력은 무조건 작아야 좋은 것은 아니며, 생활의 편리에 따라 크게 하거나 작게 하여 이용해요.

마찰력의 방향

힘은 물체의 모양이나 운동 상태를 변하게 하는 원인이므로, 어떤 물체에 변화가 생겼다면 그 물체에 힘이 작용한 것이에요. 그런데 물체를 밀었을 때 움직이지 않는 경우가 있어요. 분명히 힘이 작용했는데 변화가 생기지 않은 것이지요. 그렇다면 힘은 어디로 사라졌을까요?

중력이 공중에 떠 있는 물체에도 작용하는 것과 다르게, 마찰력은 반드시 접촉면에서만 발생하는 힘이에요. 그림으로 이해해 볼까요? 토끼가 바닥에 놓여 있는 물체에 힘을 가하고 있어요. 물체와 바닥의 접촉면 사이에서 운동을 방해하는 힘인 마찰력이 물체의 운동을 방해하는 방향으로 작용하기 때문에 물체는 움직이지 않았던 것이에요.

어떤 물체가 정지해 있는 경우부터 살펴볼까요? 물체에 실을 달아 물체에 힘을 가해 볼게요. 오른쪽으로 힘이 작용했음에도 물체가 움직이지 않았다면, 이를 마찰력으로 설명할 수 있어요. 물체와 바닥의 접촉면 사이에서 물체의 운동을 방해하는 힘인 마찰력이 물체에 작용한 힘의 반대 방향, 즉 왼쪽으로 작용했기 때문이에요. 또, 마찰력이 물체에 작용한 힘과 같은 크기로 작용하여 물체는 움직이지 않았던 것이에요.

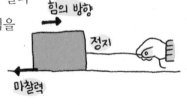

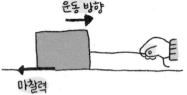

물체가 운동하는 경우는 어떻게 설명할 수 있을까요? 물체에 작용한 힘의 방향이 오른쪽 방향이므로, 마찰력은 왼쪽으로 작용하겠죠? 이때

물체에 작용한 힘이 마찰력보다 크기 때문에 물체는 오른쪽으로 운동한다고 이해할 수 있어요.

 과학 선생님 @Physics

Q. 마찰력이 물체에 작용하는 힘보다 크면 어떻게 되나요?

마찰력이 물체에 작용하는 힘보다 커진다면, 물체를 오른쪽으로 밀었는데 왼쪽으로 움직이는 기이한 현상이 일어나겠죠? 그러나 현실에서 그런 일은 일어나지 않아요. 즉, 마찰력은 물체에 작용하는 힘보다 항상 작거나 같아요.

마찰력은   # 물체에 작용하는 힘보다   # 작거나 같아!

마찰력의 크기

마찰력의 크기는 어떻게 측정할까요? 빗면 위에 나무 도막을 올려놓고 빗면을 서서히 들어올리면서 빗면 위의 나무 도막이 미끄러지는 각도를 측정하여 마찰력의 크기를 비교할 수 있어요.

마찰력은 접촉면이 거칠수록 커져!

나무 도막과 바닥 면 사이에 나무 도막의 운동을 방해하는 마찰력이 작용하므로, 마찰력은 접촉면의 거칠기가 거칠수록, 물체의 무게가 무거울수록 커져요. 이를 '쌤의 탐구 STAGRAM'에서 실험으로 확인해 봐요.

개념체크

1 두 물체의 접촉면 사이에서 물체의 운동을 방해하는 힘은?
2 마찰력의 크기에 영향을 미치는 요인은?

답 1. 마찰력 2. 접촉면의 거칠기와 물체의 무게

탐구 STAGRAM

빗면의 기울기를 이용하여 물체의 마찰력 비교하기

Science Teacher

① 재질과 무게가 같은 나무 도막 3개의 바닥 면에 각각 비닐, 종이, 사포를 붙인다.

② 비닐을 붙인 나무 도막을 빗면 위에 올려놓고, 빗면을 들어올리면서 나무 도막이 미끄러지는 순간 빗면과 수평면 사이의 각도를 측정한다.

③ 종이를 붙인 나무 도막을 빗면 위에 올려놓고, 과정 ②와 같이 측정한다.

④ 사포를 붙인 나무 도막을 빗면 위에 올려놓고, 과정 ②와 같이 측정한다.

 좋아요 ♥　　　#마찰력　#접촉면의거칠기　#물체의무게　#미끄러지는순간_빗면의기울기

 빗면을 기울였을 때, 왜 나무 도막은 바로 미끄러지지 않나요?

 나무 도막에 마찰력이 작용하고 있기 때문이에요. 그렇기 때문에 나무 도막이 미끄러지는 순간 빗면의 기울기를 측정하면, 나무 도막에 작용하는 마찰력의 크기를 비교할 수 있어요.

 실험에서 나무 도막이 미끄러지는 순간 빗면과 수평면 사이의 각도가 가장 큰 것은 무엇인가요?

 사포예요. 그다음이 종이, 비닐 순서예요. 따라서 나무 도막에 작용하는 마찰력의 크기는 접촉면의 거칠기가 거칠수록 크다는 것을 알 수 있어요.

○ | 새로운 댓글을 작성해 주세요. | 등록 |

 이것만은!　• 물체가 바로 미끄러지지 않는 것은 마찰력 때문이다.
　　　　　　　　• 물체가 미끄러지는 순간의 빗면의 기울기가 작을수록 마찰력이 크다.
　　　　　　　　• 접촉면이 거칠수록 마찰력이 크다.

04 부력

부력은 액체가 물체를 밀어 올리는 힘이야!

욕조에 몸을 담그면 두 팔로 몸을 쉽게 들어올릴 수 있을 만큼 몸
이 가볍게 느껴져요. 내 몸의 무게가 변한 것은 아닌데 왜 물속
에서는 이런 현상이 일어나는 걸까요?

부력

여름철 물놀이를 가 보면 많은 사람들이 튜브
를 사용하는 것을 볼 수 있어요. 왜 사람들은 튜
브를 사용할까요? 튜브 안의 공기가 사람이 물에
뜨는 것을 도와주기 때문이에요. 어떻게 그것이 가능할까요? 또, 여기에
작용하는 힘은 무엇일까요?

질량을 가진 모든 물체에는 중력이 작용해요. 사람 역시 고유한 양인
질량을 가지고 있으므로 중력이 작용해요. 중력은 지구 중심 방향을 향
하므로 사람이 물속에 들어가면 가라앉아요. 이때 튜브를 사용하면 물
에서도 가라앉지 않아요. 이것은 중력의 반대 방향으로 힘이 작용하기
때문인데, 그 힘이 바로 부력이에요. **부력은 액체가 물체를 밀어 올리는
힘**이에요.

과학 선생님 @Physics

Q. 부력은 액체 속에서만 작용하나요?
공기와 같은 기체 속에서도 부력이 작용해요. 헬륨 풍선이 위로 올라가는 것은 공기가 풍선
에 위쪽으로 부력을 작용하기 때문이에요.

\# 부력 \# 헬륨풍선 \# 기체에도부력이작용해!

물리

부력의 방향

부력은 어느 방향으로 작용할까요? 힘과 중력의 개념을 생각해 보면 부력의 방향을 쉽게 찾을 수 있어요.

수조 안에 물을 넣고, 나무 도막 하나를 띄워 볼까요? 어떤 물체에 변화가 생겼다면 그 물체에는 힘이 작용한 것이에요. 그런데 지금 수조 안의 나무 도막은 가만히 떠 있을 뿐, 변화가 없어요. 그럼 나무 도막에는 아무런 힘도 작용하고 있지 않은 걸까요?

나무 도막은 물체 고유의 양인 질량을 가지고 있어요. 그리고 지구는 질량이 있는 모든 물체를 지구 중심 방향으로 끌어당겨요. 그 힘이 바로 중력이에요. 따라서 중력이 작용하여 나무 도막은 물속으로 가라앉아야 해요. 그런데 나무 도막이 물 위에 떠 있다는 것은 나무 도막에 중력 이외의 힘이 중력의 반대 방향으로 작용했다는 것을 뜻해요.

또, 나무 도막이 물속에 있으므로 액체가 물체를 밀어 올리는 힘인 부력이 작용했음을 알 수 있어요. 이것을 통해 부력은 물체에 작용하는 중력과 반대 방향으로 작용하는 것을 알 수 있어요.

과학 선생님 @Physics

Q. 가라앉은 물체에는 부력이 작용하지 않나요?

가라앉은 물체라도 그 물체가 액체 속에 있다면 부력이 작용해요. 물체의 위치는 중력과 부력의 위치 비교로 설명할 수 있어요. 물속에 있는 물체에는 중력과 부력이 작용하죠? 방향이 반대인 이 두 힘의 크기가 같다면 물체는 물속에 떠 있게 돼요. 하지만 무거운 돌처럼 중력이 부력보다 크다면 돌은 아래로 가라앉게 되겠죠. 부력이 작용하지 않는 것이 아니라, 중력이 부력보다 크기 때문이에요. 가벼운 나무는 어떤가요? 부력이 중력보다 크기 때문에 물 위로 떠오르게 되는 것이에요.

부력이크면   # 물위에떠   # 부력과중력

부력의 크기

  화물을 싣지 않은 배와 화물을 가득 실은 배 중에서 어느 배에 부력이 더 크게 작용할까요? 또, 부력의 크기는 어떻게 결정될까요?

  부력의 크기는 공기 중과 물속에서의 물체의 무게를 측정하여 구할 수 있어요. 공기 중에서 측정한 무게가 10 N인 물체가 있다고 가정해 볼까요? 이 물체를 물이 담긴 수조에 넣었더니 7 N으로 측정되었다면 어떻게 된 것일까요?

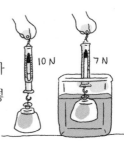

  공기 중에서 측정한 것은 중력의 크기인 무게이고, 무게는 물체의 질량에 비례해요. 이 물체를 물이 담긴 수조에 넣는다고 해서 물체의 질량이 달라지지는 않아요. 그렇다면 물이 담긴 수조에 넣었을 때도 중력의 크기는 10 N이어야 해요.

  그런데 왜 7 N으로 측정되었을까요? 그것은 부력이 작용했기 때문이에요. 여기에서는 3 N의 부력이 작용했다는 것을 알 수 있어요. 부력은 물에 잠긴 물체의 부피가 클수록 더 크게 작용해요. 그렇다면 화물을 싣지 않은 배와 화물을 가득 실은 배 중에서 어느 배에 부력이 더 크게 작용할까요? 화물을 싣지 않은 배의 물속에 잠긴 부피보다 화물을 가득 실은 배의 물에 잠긴 부피가 더 크기 때문에, 화물을 가득 실은 배에 더 큰 부력이 작용하는 것을 알 수 있어요.

개념체크

1 액체가 물체를 밀어 올리는 힘은? 또, 그 방향은?
2 물에 잠긴 물체의 부피가 (클수록, 적을수록) 부력이 더 크게 작용한다.

답 1. 부력, 중력의 반대 방향 2. 클수록

탐구 STAGRAM

 액체 속에서 물체의 부력 측정하기

Science Teacher

① 용수철저울에 추를 매달고 공기 중에서의 무게를 측정한다. 또, 용수철저울에 매달린 추를 물에 절반 정도 잠기게 하여 용수철저울의 눈금을 측정한다.

② 용수철저울에 매달린 추를 물에 완전히 잠기게 하고 용수철저울의 눈금을 측정한다.

③ 감소한 용수철저울의 눈금을 구하여 부력을 구한다.

(가) 추가 물에 잠기기 전   (나) 추가 절반 정도 잠겼을 때   (다) 추가 완전히 잠겼을 때

 좋아요 ♥   #부력 #물에잠긴물체의부피 #공기중에서의무게 #절반,완전히잠겼을때무게

....

 추를 물에 잠기게 하고 측정한 용수철저울의 눈금이 부력의 크기인가요?

 아니에요. 부력 = 공기 중에서의 용수철저울의 눈금 − 물속에서 용수철저울의 눈금의 값, 즉 감소한 눈금의 크기예요.

 추가 물속에 절반 정도 잠겼을 때보다 완전히 잠겼을 때, 용수철저울의 눈금이 더 감소하는 이유는 무엇인가요?

 물에 잠긴 추의 부피가 클수록 부력이 크게 작용하기 때문이에요.

 ┃ 새로운 댓글을 작성해 주세요.   ┃ 등록 ┃

🔧 **이것만은!**
- 물에 잠긴 추의 용수철저울의 눈금이 감소하는 것은 부력 때문이다.
- 부력의 크기 = 공기 중에서 용수철저울의 눈금 − 물속에서 용수철저울의 눈금
- 물에 잠긴 추의 부피가 클수록 부력이 더 크게 작용한다.

05 물체를 보는 과정

빛이 물체를 지나 다시 우리 눈으로 와야 해~

오늘밤에는 어떤 모습의 달을 볼 수 있을까요? 달은 언제 관측하는지에 따라 때로는 보름달로, 때로는 초승달로 보여요. 태양은 항상 같은 모양인데 달은 왜 모양이 달라지는 것일까요?

광원

 태양을 직접 보면 시력이 손상될 수 있다는 말을 들어 본 적이 있나요? 주변의 다른 물체를 직접 볼 때는 그런 일이 일어나지 않는데, 왜 태양을 직접 보면 위험한 것일까요? 또, 깜깜한 방에 막 들어섰을 때는 아무것도 보이지 않다가 방 안의 전등을 켜면 물건들이 보이는데, 어떤 원리 때문일까요? 물체와 태양, 전등은 어떤 차이가 있는 걸까요?

 태양이나 전등과 같이 스스로 빛을 내는 물체를 광원이라고 해요. 스스로 빛을 내는 물체이기 때문에 항상 같은 모습을 볼 수 있는 것이에요. 달은 어떤가요? 달은 태양처럼 스스로 빛을 내는 천체가 아니에요. 그런데 어떻게 우리 눈에 보이는 걸까요? 바로 태양의 도움을 받아 달을 볼 수 있는 것이에요. 따라서 태양과 지구, 달의 상대적인 위치에 따라 달의 위상이 결정돼요. 이처럼 무언가를 보기 위해서는 반드시 태양이나 전등처럼 스스로 빛을 내는 물체인 광원이 존재해야 해요.

 과학 선생님 @Physics

Q. 촛불도 광원에 해당하나요?

스스로 빛을 내는 물체를 모두 광원이라고 해요. 촛불도 초에 불을 켜면 스스로 빛을 내고 있죠? 다른 빛을 반사하여 밝게 보이는 것이 아니므로 촛불 역시 광원으로 볼 수 있어요

#태양은광원 #촛불도광원

빛의 직진

가장 쉽게 떠오르는 빛의 이미지는 우리 눈을 자극해서 어떤 물체를 보게 하는 것이에요. 하지만 이것이 빛이 가진 모든 성질은 아니에요. 먼저 빛의 성질을 살펴보면서 빛에 대해 알아볼까요?

빛의 성질을 이용하여 우리는 많은 것들을 표현할 수 있어요. 먼저 그림자를 이용하여 무엇인가를 표현해 본 적이 있나요? 빛은 어떤 성질을 가지고 있어 이런 표현이 가능할 것일까요?

위의 그림에서 우리는 빛의 방향을 쉽게 찾을 수 있어요. 토끼 인형의 왼쪽 앞에서 인형 방향으로 빛이 향하고 있다고 생각해 보세요. 대부분의 빛은 인형 뒤의 벽에 도달하지만, 인형이 놓여 있는 부분은 그 뒤로 빛이 도달하지 않아 우리 눈에 검게 보여요. 우리는 이것을 그림자라고 해요. 빛은 물체가 있다고 하여 물체를 피해서 돌아가는 것이 아니라, 직진하기 때문에 나타나는 현상이에요. 이를 통해 우리는 빛의 첫 번째 성질을 알 수 있어요. 즉, 광원에서 나온 빛은 직진해요. 그 결과 물체에 막혀 빛이 도달하지 못하는 곳에는 그림자가 생기는 것이에요.

개념체크

1 태양과 같이 스스로 빛을 내는 물체는?
2 그림자가 생기는 원인은?

1. 광원 2. 빛이 직진하기 때문에

물체를 보는 과정

무엇인가를 '본다'는 것은 무엇을 의미할까요? '본다'는 것은 쉽게 우리 눈에 빛이 도달한 것이라고 이해할 수 있어요. 물체를 보는 과정을 광원과 빛의 직진하는 성질을 통해 살펴보아요.

광원인 전등을 볼 때

광원이 아닌 책을 볼 때

물체가 광원인 경우와 물체가 광원이 아닌 경우를 통해 이해하면 좋아요. 먼저 어떤 물체가 광원일 때, 물체(광원)에서 나온 빛이 우리 눈에 직접 들어오면 우리는 그 물체(광원)를 볼 수 있어요. 우리가 전등을 바로 보는 것이 여기에 해당되어요.

그렇다면 물체가 광원이 아닌 경우, 스스로 빛을 내지 않는 물체는 어떻게 우리 눈에 보이는 걸까요?

스스로 빛을 내지 않는 물체를 보기 위해서는 광원이 필요해요. 광원에서 나온 빛이 우리 눈으로 바로 들어올 수도 있지만, 그 빛은 물체로도 향해요. 물체는 그 빛을 흡수할 수도, 반사할 수도 있어요. 광원에서 나온 빛이 물체에서 반사된 후에 우리 눈에 들어오면 물체를 볼 수 있게 되는 것이에요. 즉, 전등에서 나온 빛이 책을 향하고, 책에서 반사된 후, 그 빛이 우리 눈으로 들어와 책이라는 물체를 볼 수 있고, 책도 읽을 수 있는 것이에요.

위의 질문을 다시 한 번 생각해 볼까요? 태양은 스스로 빛을 내는 광원이에요. 따라서 우리는 태양 빛을 직접 보기 때문에 항상 태양의 모든 모양을 볼 수 있는 것이에요. 반면에 달은 스스로 빛을 내는 광원이 아니에요. 달은 언제 보느냐에 따라 모양이 달라요. 초승달, 상현달, 하현달, 보름달 등 달은 참 많은 이름을 가지고 있어요. 달은 왜 이렇게 다양한 모습이 존재하는 걸까요?

앞에서 공부한 것에서 그 답을 찾을 수 있어요. 태양을 보는 것은 광원인 물체를 보는 과정으로 이해할 수 있고, 달을 보는 것은 광원이 아닌 물체를 보는 과정으로 이해할 수 있어요. 따라서 달을 보기 위해서는 광원이 필요하고, 이 광원이 바로 햇빛이에요.

빛이 달에 도달하고 달은 이 빛을 반사하는데, 그 반사된 빛이 우리 눈에 들어와 달을 보게 되는 원리에요. 따라서 반사되는 모양에 따라 보이는 달의 모양이 달라지는 것이지요. 이처럼 달의 모양이 달라지는 것을 달의 위상 변화라고 해요. 결국, 달의 모양이 달라지는 것은 달이 스스로 빛을 내는 광원이 아니기 때문이에요.

 과학 선생님 @Physics

Q. 어두운 곳에서도 시간이 지나면 물체가 보이는데, 이것은 빛이 없어도 물체를 볼 수 있다는 것이 아닌가요?

밝은 곳에 있다가 어두운 곳으로 들어가면 처음에는 아무것도 볼 수 없지만, 시간이 지나면서 조금씩 물체들이 보이기 시작해요. 하지만 물체를 본다는 것은 빛이 미세하게나마 존재하기 때문에 가능한 것이에요.

물체를보려면   # 광원이필요해

개념체크

1 물체가 광원일 때 물체를 보는 과정을 서술하면?
2 물체가 광원이 아닐 때 물체를 보는 과정을 서술하면?

답 1. 물체에서 나온 빛이 우리 눈에 직접 들어온다.
2. 광원에서 나온 빛이 물체에 반사된 후 눈에 들어온다.

06 빛의 합성

빛이 합쳐져서 다른 색으로 보일 수 있어!

비가 오고 난 뒤에 무지개가 뜬 것을 본 적이 있나요? 우리가 매일 보는 빛은 백색광으로 보이는데 무지개는 어디서 어떻게 나타나게 된 것일까요?

백색광

빛은 어떤 색일까요? 우리는 흔히 흰색 빛을 백색광이라고 불러요. 빛은 실제로 백색일까요? 또, 백색광은 어떻게 만들어지는 것일까요?

빛은 합쳐지면 합쳐질수록 밝아지는 성질을 가지고 있어요. 햇빛과 같이 여러 가지 색의 빛이 합쳐진 빛을 **백색광**이라고 해요. 따라서 프리즘이나 분광기 등의 도구를 사용하면 백색광을 여러 가지 색의 빛으로 분산시킬 수 있어요. 비가 오고 난 뒤에 무지개를 볼 수 있는 것도 공중에 떠 있는 작은 물방울이 분광기 역할을 하여 햇빛을 여러 가지 색의 빛으로 분산시켜 나타나는 현상이에요.

 과학 선생님 @Physics

Q. 백색광이 프리즘을 통과하면 왜 여러 가지 색의 빛으로 분산되나요?

햇빛이 프리즘을 통과하면 여러 가지 색의 빛으로 나누어지는 현상이 나타나는데, 이것을 빛의 분산이라고 해요. 백색광은 여러 가지 색의 빛이 합쳐진 빛이라고 했죠? 이런 백색광이 프리즘을 통과할 때 여러 가지 색의 빛으로 나누어지는 이유는 빛의 파장에 따라 굴절하는 정도가 다르기 때문이에요.

빛의분산　# 백색광　# 빛은굴절해

모든 빛은 백색광일까요? 햇빛과 같이 여러 가지 색의 빛이 합쳐진 빛도 있지만, 특정한 한 가지 색으로 보이는 빛도 있어요. 이런 빛을 **단색광**이라고 해요. 단색광은 프리즘을 통과해도 여러 가지 색의 빛으로 나누어지지 않아요.

TV나 컴퓨터 화면은 빨간색, 초록색, 파란색으로 이루어진 화소에 의해 여러 가지 색의 빛을 만들어 내요. 화소란 컬러 TV나 스마트폰의 화면 등에서 색을 나타내는 점을 말해요. 화면에서는 각 화소의 빨간색, 초록색, 파란색의 밝기를 다르게 함으로써 다양한 색을 만들어 내는 것이에요. 이렇게 색이 다른 여러 가지 빛이 합쳐져 다른 색의 빛이 만들어지는 현상을 **빛의 합성**이라고 해요.

빛의 합성은 우리 생활에서 많이 이용되고 있어요. 우리가 자주 쓰는 조명 기구도 빨간색, 초록색, 파란색의 조명을 합성하여 여러 가지 색의 빛을 만들어 표현하는 것이에요. 야구 경기장 같은 곳에 있는 전광판에도 빨간색, 초록색, 파란색의 빛을 내는 전구 3개가 짝을 이루어 배열되어 있으며, 각 전구의 밝기를 조절하여 다양한 색을 표현해요.

 과학 선생님 @Physics

Q. 눈은 어떻게 색을 인식하나요?

사람의 눈에는 색깔을 감지하는 세포가 있는데, 이들은 각각 빨간색, 초록색, 파란색의 빛을 인식해요. 디지털카메라 같은 것도 눈이 색을 인식하는 것과 같은 원리를 이용한 것이에요.

눈에는   # 색깔을감지하는   # 세포가있어!

빛의 삼원색

빨간색, 초록색, 파란색의 빛은 여러 가지 색의 빛을 만드는 기본이 되는 빛으로, 이 세 가지 색을 **빛의 삼원색**이라고 해요. 빛의 삼원색을 합성하면 어떤 색깔의 빛을 볼 수 있을까요?

빨간색과 초록색의 빛이 합성되면 노란색의 빛으로, 초록색과 파란색의 빛이 합성되면 청록색의 빛으로, 파란색과 빨간색의 빛이 합성되면 자홍색의 빛으로, 빨간색, 초록색, 파란색의 빛이 모두 합성되면 흰색의 빛으로

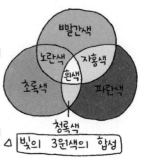
△ 빛의 3원색의 합성

보여요. 따라서 빛의 삼원색을 어떤 밝기로 합성하는지에 따라 다양한 색의 빛을 표현할 수 있어요.

여기에서 주의할 점은 색과 빛을 구분해야 한다는 것이에요. 색의 성질로 본다면, 빨간색, 초록색, 피란색을 섞으면 어두워져요. 이것은 마치 커튼을 치면 칠수록 어두워지는 것과 같아요. 하지만 빛을 섞으면 섞을수록 밝아져요. 전등을 켜면 켤수록 밝아지는 것과 같은 원리예요. 따라서 빛의 삼원색이 모두 합성되어 비춰지면 밝은 흰색의 빛으로 나타나게 되는 것이에요.

 과학 선생님 @Physics

Q. 빛의 삼원색과 색의 삼원색은 같나요?

아니에요. 빛의 삼원색은 빨간색(Red), 초록색(Green), 파란색(Blue)으로, 우리는 이를 흔히 RGB라고 불러요. 색의 삼원색은 빛의 합성으로 살펴본 청록색(Cyan), 자홍색(Magenta), 노란색(Yellow)으로, 줄여서 CMY라고 불러요.

빛의삼원색과   # 색의삼원색은   # 달라

📌 **개념체크**

1 빛의 삼원색은?

2 파란색과 빨간색의 빛이 합성되면 보이는 빛의 색은?

📖 1. 빨간색, 초록색, 파란색 2. 자홍색

물체의 색

앞에서 배운 물체를 보는 원리를 기억하나요? 광원에서 나온 빛이 물체에서 반사된 후에 우리 눈에 들어오면 그 물체를 볼 수 있게 되는 것이에요.

스스로 빛을 내는 물체인 광원은 백색광과 단색광이 있어요. 광원에서 나온 빛이 물체로 가고, 물체에서 다시 빛이 나온 후 그 빛이 우리 눈에 도달하는 것이에요. 물체는 빛을 어떻게 내보낼까요? 물체가 빛을 다시 내보내는 방법에는 빛을 반사시키는 방법과 빛을 통과시키는 방법이 있어요.

광원이 백색광인 경우, 물체의 색이 어떻게 결정되는지 살펴볼까요?

장미처럼 불투명한 물체는 물체에서 반사되어 나오는 빛의 색에 따라 물체의 색이 결정되어요. 즉, 햇빛 아래에서 장미꽃이 빨간색으로 보이는 이유는 백색광 중 빨간색의 빛만 반사되어 우리 눈으로 들어오고, 나머지 색의 빛은 장미꽃에 흡수되었기 때문이에요.

장미 나무의 잎이 초록색으로 보이는 것도 같은 원리예요. 잎에 초록색 빛은 반사되고 나머지 색의 빛은 흡수되었기 때문이에요. 만약 모든 색의 빛을 흡수하면 우리 눈에 도달하는 빛이 없으므로 검은색으로 보이게 되고, 모든 색의 빛을 반사하면 모든 색의 빛이 우리 눈에 도달하므로 흰색으로 보이게 되는 것이에요.

유리와 같은 투명한 물체는 그 물체를 통과하는 빛의 색에 따라 여러 가지 색으로 보여요. 즉, 파란색 유리는 파란색 빛만 통과시키고 나머지 색의 빛은 흡수하여 우리 눈에 파란색 빛만 도달하므로 파란색 유리로 보이는 것이에요.

광원이 단색광인 경우에는 물체의 색이 어떻게 결정되는지 살펴볼까요?

빨간색 조명부터 살펴볼게요. 광원 자체가 빨간색의 빛밖에 가지고 있지 않으므로, 장미꽃은 빨간색을 반사해요. 잎은 초록색만 반사하고 나머지 색은 흡수하기 때문에 빨간색 빛은 흡수되어 버려서 우리 눈에 도달하지 않아요. 따라서 빨간색 조명 아래에서 장미꽃은 빨간색으로 보이고, 잎은 검게 보여요. 이와 같은 원리로, 초록색 조명에서는 장미꽃은 초록색의 빛을 흡수하여 우리 눈에 도달하는 빛이 없어 검게 보이고, 잎은 초록색의 빛을 반사하여 우리 눈에 초록색으로 보이게 되는 것이에요.

장미꽃의 색도 아니고, 잎의 색도 아닌 파란색 조명 아래에서는 어떻게 보일까요? 장미꽃과 잎 모두 파란색의 빛을 흡수하기 때문에 장미꽃과 잎 모두 반사하는 빛이 없으므로 검게 보여요.

이렇게 단색광에서는 같은 물체라도 조명의 색에 따라 물체의 색이 다르게 보일 수 있어요.

🔍 개념체크

1 빨간색 조명 아래에서 초록색 잎은 어떤 색으로 보이는가?
2 노란색 조명 아래에서 빨간색 장미꽃은 어떤 색으로 보이는가?

답 1. 검은색 2. 빨간색

탐구 STAGRAM

빛의 합성 과정 탐구하기

Science Teacher

① 컴퓨터에서 그림판을 실행하고, 빨간색, 초록색, 파란색 사각형을 그린다.
② 스마트 기기의 확대경을 이용하여 세 가지 색을 각각 확대해 보고 기록한다.
③ 그림판에 노란색, 청록색, 자홍색, 흰색 사각형을 그린다.
④ 확대경을 이용하여 색을 각각 확대해 보고 사인펜으로 표현한다.

 좋아요 ♥   #빛의삼원색 #빨간색 #초록색 #파란색 #빛의합성

 빨간색, 초록색, 파란색도 혹시 다른 여러 색이 합성되어 보이는 것이 아닌가요?

 아니에요. 빨간색, 초록색, 파란색 세 가지 색의 빛은 여러 가지 빛의
색을 표현하는 기본이 되는 빛으로, 빛의 삼원색이라고 해요.

 노란색, 청록색, 자홍색, 흰색 이외의 색도 빛의 삼원색으로 모두 표현할 수 있나요?

 빛의 삼원색인 빨간색, 초록색, 파란색의 밝기를 다르게 함으로써 다
양한 색을 표현할 수 있어요.

        새로운 댓글을 작성해 주세요.   등록

✎ 이것만은! • 빨간색, 초록색, 파란색을 빛의 삼원색이라고 한다.
             • 빨간색 + 초록색 ⇒ 노란색
             • 초록색 + 파란색 ⇒ 청록색
             • 파란색 + 빨간색 ⇒ 자홍색
             • 빨간색 + 초록색 + 파란색 ⇒ 흰색

물리

07 거울과 렌즈를 통해 나타나는 상

거울은 빛의 반사로~ 렌즈는 빛의 굴절로~

편의점 천장 코너에 볼록한 거울이 걸려 있는 것을 본 적이 있나
요? 왜 평편한 거울이 아닌 볼록한 거울을 설치한 것일까요? 볼록
한 거울이 아니라 오목한 거울을 설치하면 어떻게 보일까요?

빛의 반사

물체를 보는 원리를 기억하나요? 광원에서 나온 빛이 물체에서 반사
된 후 우리 눈에 들어오면 물체를 볼 수 있어요. 여기서 우리는 빛이 반
사하는 성질이 있다는 것을 알 수 있어요. 즉, 직진하던 빛이 물체에 부
딪혀 진행 방향을 바꾸어 되돌아 나오는 현상을 빛의 반사라고 해요.

책상 위에 거울을 올려두었을 때 창문으로 들어오는 빛이 거울에 반
사되어 다른 방향으로 향하는 것을 본 적이 있나요? 거울의 방향을 조
금씩 바꿔 주면 빛이 진행하는 방향도 조금씩 달라지는데, 이것은 빛이
어떤 특정한 방향성을 가지고 반사하는 것을 의미해요.

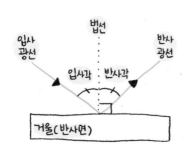

이때 거울을 향해 들어오는 빛을
입사 광선, 이 빛이 거울에 부딪혀
반사되는 빛을 반사 광선이라고
해요. 거울과 수직인 선을 법선이
라고 하며, 입사 광선과 법선이 이
루는 각을 입사각, 반사 광선과 법
선이 이루는 각을 반사각이라고 해요. 빛이 반사할 때 입사각과 반사각
의 크기는 항상 같아요. 우리는 이것을 반사 법칙이라고 해요.

거울에 의한 상

　볼록 거울에 빛이 나란히 입사하면 반사 법칙에 의해 빛이 볼록 거울에 반사되어 퍼지게 돼요. 이때 항상 물체보다 작고 바로 선 상이 생기며, 물체가 거울에서 멀어질수록 상의 크기는 점점 작아져요.

　볼록 거울은 우리 눈으로 볼 수 있는 것보다 넓은 지역의 모습이 상으로 생기므로, 넓은 시야가 필요한 곳인 도로의 안전 거울, 자동차의 오른쪽 측면 거울 등에 사용해요.

　오목 거울을 살펴볼까요? **오목 거울**에 빛이 나란히 입사하면 반사 법칙에 의해 빛이 오목 거울에서 반사된 후 한 점에 모여요. 물체를 오목 거울에 가까이 두면 물체보다 크고 바로 선 상이 생기며, 오목 거울로부터 물체를 멀리 두면 물체보다 크고 거꾸로 선 상이 생겨요. 반면에 물체를 오목 거울에서 아주 멀리 하면 물체보다 작고 거꾸로 선 상이 생겨요.

　오목 거울은 빛을 모으거나 물체를 크고 자세히 보기 위한 화장용 확대 거울 등에 사용해요.

빛의 굴절

컵에 동전을 넣고 물을 부으면 보이지 않던 동전이 보여요. 어떻게 이런 현상이 일어나는 것일까요? 빛이 물 속에서 공기 중으로 나올 때 굴절되어 동전이 실제 위치보다 위에 떠 있는

것처럼 보이기 때문이에요. 여기에서 알 수 있듯이 빛이 진행하다가 두 물질의 경계면에서 진행 방향이 꺾이는 현상을 빛의 굴절이라고 해요.

그렇다면 빛은 왜 굴절하는 걸까요? 빛이 물질 속을 지날 때 물질에 따라 빛의 속력이 다르기 때문이에요. 예를 들면, 자동차가 포장도로에서 잔디밭 쪽으로 비스듬히 진행한다고 할 때 잔디밭에 가장 먼저 닿은 바퀴의 속력은 느려지지만 아직 포장도로 위에 있는 바퀴의 속력은 느려지지 않아요. 따라서 바퀴의 진행 방향이 잔디밭 쪽으로 꺾이게 돼요. 마찬가지로 빛도 속력이 빠른 공기 중에서 속력이 느린 물속으로 비스듬히 진행하면 속력 차이 때문에 방향이 꺾여 굴절하게 되는 것이에요.

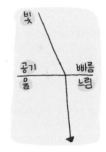

개념체크

1 빛이 진행하다가 물체에 부딪혀 진행 방향이 바뀌어 나아가는 현상은?
2 빛이 진행하다가 두 물질의 경계면에서 진행 방향이 꺾이는 현상은?

답 1. 빛의 반사 2. 빛의 굴절

렌즈에 의한 상

렌즈에 의한 상은 거울과 어떻게 다를까요?

나란한 빛이 볼록 렌즈에 입사하면 빛은 볼록 렌즈를 통과하면서 굴절된 다음에 한 점에 모여요. 그리고 물체를 볼록 렌즈에 가까이 두면 물체보다 크고 바로 선 상이 생기고, 볼록 렌즈로부터 멀리 두면 물체보다 크고 거꾸로 선 상이 생겨요. 볼록 렌즈에서 물체를 아주 멀리 두면 물체보다 작고 거꾸로 선 상이 생겨요.

볼록 렌즈는 빛을 한 점에 모을 수 있는 성질을 이용하여 햇빛을 모아 종이나 나무를 태우는 데 쓰이고, 가까운 물체를 잘 볼 수 없는 눈(원시)을 교정하는 데도 쓰여요.

나란한 빛이 오목 렌즈에 입사하면 빛은 오목 렌즈 뒤쪽의 한 점에서 나온 것처럼 굴절돼요. 오목 렌즈를 통과한 상은 항상 물체보다 작고 바로 선 상이며, 물체가 렌즈에서 멀어질수록 상의 크기는 점점 작아져요.

오목 렌즈는 확산형 발광 다이오드나 자동차 안개등으로 이용되며, 또 멀리 있는 물체가 잘 안 보이는 사람의 시력 교정용 안경으로 쓰여요.

평면거울에서 상이 생기는 원리

크기는 같고 좌우는 반대로!

옷을 차려입고 집을 나설 때 전신 거울을 통해서 자신의 모습을 본 적이 있죠? 춤을 추거나 어떤 동작을 할 때에도 큰 거울 앞에서 하는 경우가 많아요. 이와 같은 평면거울을 통해 보이는 상은 어떤 특징이 있고, 어떤 원리로 보이는 것일까요?

빛의 반사

빛의 반사에서 입사각과 반사각의 크기는 항상 같으므로 입사각이 커지면 반사각도 같이 커져요.

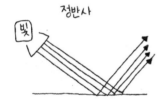
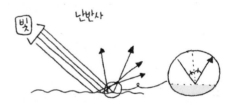

반사는 크게 두 가지로 나눌 수 있어요. 먼저, 매끄러운 표면에 입사한 빛이 일정한 방향으로 반사하는 것을 **정반사**라고 해요. 거울에서의 빛의 반사가 여기에 해당해요. 정반사의 경우는 특정 방향에서만 물체의 모습을 볼 수 있고 반사면에 물체의 상이 생겨요.

반면에 거친 표면에 입사한 빛이 여러 방향으로 반사하는 것을 **난반사**라고 해요. 스크린에서의 빛의 반사가 여기에 해당해요. 난반사의 경우는 특정 방향의 반사면에 물체의 상이 생길 뿐만 아니라, 어느 방향에서나 물체의 모습을 볼 수 있어요.

난반사의 경우, 거친 표면에 입사한 빛이 여러 방향으로 반사되기 때문에 반사 법칙이 성립하지 않는다고 생각하기 쉬워요. 그러나 난반사의 경우에도 각 면에 입사하는 빛의 입사각과 반사각의 크기는 같아요. 따라서 난반사에서도 반사 법칙이 성립해요.

상

상이라는 것은 무엇일까요? 거울 앞에 물체를 두면 물체에서 나온 빛이 거울에서 반사되어 눈으로 들어오므로 거울을 통해 물체를 보게 돼요. 이때 거울에 비춰 보이는 물체의 모습을 **상**이라고 해요. 그리고 빛이 한 점에 모여 생기는 상을 **실상**이라고 하고, 이와 반대로 빛이 한 점에 모이지 않고 퍼져 나갈 때 이 빛들이 반대 방향으로 연장되어 만나는 점에 생기는 상을 **허상**이라고 해요.

우리 눈에는 거울 속의 상에서 빛이 나오는 것처럼 보이지만, 물체에서 나오는 수많은 빛 중의 일부가 거울에서 반사되어 우리 눈에 들어오는 것이에요.

 과학 선생님 @Physics

Q. 거울을 통해 보는 상은 모두 허상인가요?
평면거울에 보이는 상은 허상이 맞아요. 볼록 거울에서는 빛이 모이지 않기 때문에 실상은 생기지 않아요. 그래서 항상 물체보다 작고 바로 선 허상이 생기는 것이에요. 하지만 오목 거울에서 물체가 거울로부터 멀리 있을 경우에는 거꾸로 선 실상이 생겨요.

\# 평면거울의 \# 상이 \# 허상이라면 \# 실상은 \# 더예쁠거야

✏️ **개념체크**

1 반사의 종류 중 매끄러운 표면에 입사한 빛이 일정한 방향으로 반사하는 것은?
2 거울이나 렌즈에 의해 만들어지는 물체의 모습을 일컫는 말은?

📖 1. 정반사 2. 상

평면거울에 의해 상이 생기는 원리

평면거울 앞에 물체가 놓여 있다고 생각해 볼까요?

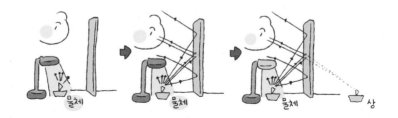

위의 그림에서 볼 수 있듯이 스스로 빛을 내는 광원인 전등을 켜면, 전등에서 나온 빛이 물체의 표면에서 여러 방향으로 반사돼요. 물체에서 반사된 빛의 일부가 평면거울에 도달하게 되면, 그 빛이 평면거울 표면에서 다시 반사돼요.

평면거울에서 반사되어 눈으로 들어오는 빛의 경로를 평면거울의 뒤쪽으로 연장하면 한 점에서 만나는데, 이곳에 바로 실물과 같은 크기의 물체의 상이 생기는 것이에요. 즉, 평면거울 면을 기준으로 물체와 상이 대칭을 이루는 모습이 되는 것이에요.

평면거울에서 빛의 경로

광원 ➡ 물체의 표면 ➡ 평면거울 ➡ 눈

참, 물체에서 반사된 빛 모두 우리 눈으로 들어온다고 착각할 수 있어요. 전등에서 나온 빛을 예로 들면, 빛이 물체에 도달하면 물체의 표면에서 여러 방향으로 반사되는데, 그 빛의 일부가 우리 눈으로 바로 들어오게 되어 물체를 보게 되는 것이에요. 그리고 그 일부가 평면거울에 도달한 뒤 다시 반사하여 우리 눈에 들어오면 거울을 통해 물체의 상을 보게 되는 것이에요.

평면거울에 의한 상의 특징

평면거울을 통해 보이는 상은 어떤 특징을 가지고 있을까요?

평면거울을 보고 있다고 생각해 보면 쉽게 이해할 수 있어요. 우리는 평면거울을 통해 우리의 모습을 확인할 수 있어요. 평면거울에 의해 보이는 상의 크기는 물체의 크기와 같아요. 이때 상의 모양은 어떤가요? 오른손을 들고 있다면 어떻게 보일까요? 거울상에서는 왼손을 들고 있는 것으로 보여요. 즉, 좌우가 바뀌어 보이지만 상하는 같아요.

거울에서 한 걸음 뒤로 물러서면 어떻게 보일까요? 이때는 거울상도 뒤로 한 걸음 물러나는 것처럼 보여요. 상의 위치는 거울 면을 중심으로 대칭인 곳에 보이므로, 거울에서 상까지의 거리는 거울에서 물체까지의 거리와 같아요.

이렇게 평면거울에는 물체의 모습이 그대로 비치므로, 미용실이나 무용실의 거울, 잠망경, 자동차 후방 거울 등 생활 속에서 다양하게 사용되고 있어요.

 과학 선생님 @Physics

Q. 전신을 보기 위해서는 평면거울의 크기가 나의 키와 같아야 하나요?
전신을 보기 위해서는 머리 끝과 발 끝에서 나온 빛이 우리 눈으로 들어오기만 하면 돼요. 따라서 반사 법칙을 활용하면 키의 절반에 해당하는 크기의 거울이면 전신을 볼 수 있어요.

\# 택배온 \# 새옷 \# 착샷엔 \# 내_키 \# 반만한거울이면 \# OK

개념체크

1 평면거울에 의한 상의 모양은?
2 평면거울에 의한 상의 거리는?

1. 좌우가 바뀌어 보이나 상하는 그대로 보인다.
2. 거울에서 상까지의 거리는 거울에서 물체까지의 거리와 같다.

09 파동(횡파와 종파)

횡파는 수직으로~ 종파는 나란하게~

편의점에 가 보면 정말 맛있는 음식이 많아요. 그중 햄버거, 핫도그, 소시지 등 전자레인지를 이용해 간단하게 데워 먹을 수 있는 식품들도 있어요. 전자레인지에도 과학 원리가 적용되어 있는데, 어떤 원리가 숨어 있을까요?

파동

잔잔한 수면에 물방울이 떨어지면 수면이 출렁이면서 원 모양으로 물결이 퍼져 나가요. 이것을 물결파라고 해요. 또, 기타의 줄을 튕기면 소리가 발생하여 공기 중으로 퍼져 나가는데, 이것을 음파라고 하고, 지진이 발생했을 때 땅을 통해 멀리까지 전달되는 파동은 지진파라고 해요. 한편, 라디오, 텔레비전, 스마트폰의 전파, 태양에서 오는 빛, 전구의 불빛 등에서 발생하는 파는 전자기파예요. 이와 같은 물결파, 음파, 지진파, 전자기파 등을 파동이라고 해요.

파동은 물질의 한곳에서 만들어진 진동이 주위로 퍼져 나가는 현상이에요. 그렇다면 진동은 무엇일까요? 진동은 물체의 운동이 일정한 범위 내에서 한 점을 중심으로 왔다 갔다 이동을 반복하는 현상이에요. 여기서 처음 발생한 지점이나 파동이 시작되는 지점을 **파원**이라고 하고, 파동을 전달하는 물질을 **매질**이라고 해요. 지진파의 경우는 땅이 매질이고, 물결파의 경우에는 물이 매질이에요. 소리는 공기, 물, 땅 모두 매질이 될 수 있어요. 하지만 모든 파동에 반드시 매질이 필요한 것은 아니에요. 빛과 같이 매질 없이도 전달되는 파동도 있어요.

매질은 어떻게 파동을 전달할까요? 예를 들어, 오른쪽 방향으로 진행하고 있는 물결파가 있을 때, 물결파라는 파동이 오른쪽으로 이동하기 위해서는 파동을 전달해 주는 물질인 매질이 운동해야 해요.

그렇다면 매질은 어떻게 운동할까요? 매질의 운동을 쉽게 이해하기 위해서 매질인 물결 위에 스타이로폼 구를 띄우고 어떻게 운동하는지 살펴볼게요.

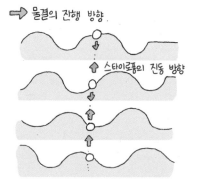

물결이 오른쪽으로 진행할 때, 스타이로폼 구의 운동 방향을 시간에 따라 살펴보면 스타이로폼 구는 위아래로 진동만 하는 것을 알 수 있어요. 이를 통해 물결이 퍼져 나가도 매질인 물은 제자리에서 진동만 한다는 것을 알 수 있어요. 즉, 매질인 물이 위아래로 진동만 할 뿐 물결을 따라 이동하지 않기 때문에 스타이로폼 구도 제자리에서 위아래로 진동만 하는 것이에요. 이것은 마치 경기장에서 파도타기 응원을 할 때와 같아요. 파도는 이동하지만 사람들은 제자리에서 앉았다가 일어섰다만 반복하는 것과 같은 원리예요.

매질이 이동하지 않고 위아래로 진동만 하는 것이라면 어떻게 파도가 해안의 돌을 깎아 절벽을 만드는 것일까요? 또, 땅 속에서 생긴 지진파에 의해 건물이 파괴되거나, 큰 폭발이 일어날 때 발생한 소리에 의해 주변의 유리창이 깨지는 것은 어떻게 이해해야 할까요?

파동이 전파될 때 매질은 제자리에서 진동만 하고 파동을 따라 이동하지 않아요. 파동이 진행할 때 함께 이동하는 것은 파동이 지닌 에너지예요. 파동이 에너지를 전달하기 때문에 해안가에 절벽을 만들기도 하고, 건물을 파괴하기도 하고, 유리창이 깨지기도 하는 것이에요. 즉, 매질은 이동하는 것이 아니라, 제자리에서 이 에너지를 전달하는 역할만 해요.

파동의 종류

파동이 이동할 때 매질은 늘 위아래로만 진동할까요? 아니에요. 매질은 좌우로 진동하기도 해요. 파동의 진행 방향에 대한 매질의 진동 방향에 따라 파동은 횡파와 종파로 구분할 수 있어요.

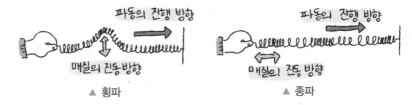

▲ 횡파　　　　　　　▲ 종파

횡파란 매질의 진동 방향이 파동의 진행 방향에 수직인 파동이에요. 횡파는 용수철이나 줄을 위아래로 흔들었을 때 발생하며, 높고 낮음이 나타나서 고저파라고도 해요. 빛, 전파, 지진파의 S파 등이 횡파에 속해요.

종파란 매질의 진동 방향이 파동의 진행 방향에 나란한 파동이에요. 종파는 용수철을 앞뒤로 당겼다가 놓을 때 발생하며, 밀집된 곳과 아닌 곳이 나타나서 소밀파라고도 해요. 음파, 지진파의 P파 등이 종파에 속해요.

 과학 선생님 @Physics

Q. 지진파의 S파와 P파는 무엇이 다른가요?

지진이 발생하여 지진파가 지표면에 도달하면 집이나 건물들이 흔들리게 돼요. 이때 P파가 전파되면 건물들은 지진파의 진행 방향과 나란하게 흔들리고, S파가 전파되면 건물들은 지진파의 진행 방향에 수직으로 흔들리게 돼요.

#P파든　#S파든　#지진is뭔들　#무서워

파동의 표현

횡파를 통해 파동의 표현을 알아볼게요.

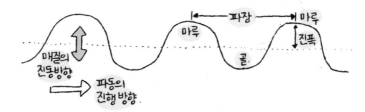

위의 그림을 보면 파동은 오른쪽으로 진행하지만, 매질은 위아래로 진동해요. 이때 파동의 가장 높은 곳을 **마루**라고 하고, 파동의 가장 낮은 곳을 **골**이라고 해요. 마루에서 다음 마루 또는 골에서 다음 골까지의 거리를 **파장**이라고 하고, 진동 중심에서 마루 또는 골까지의 수직 거리를 **진폭**이라고 해요.

진동의 횟수나 한 번 진동하는 데 걸리는 시간은 어떻게 표현할까요? **주기**는 매질의 한 점이 한 번 진동하는 데 걸리는 시간 또는 파동이 한 파장만큼 진행하는 데 걸리는 시간이에요. 단위로는 초(s)를 사용해요. **진동수**는 매질의 한 점이 1초 동안 진동하는 횟수로, 단위는 Hz(헤르츠)를 사용해요. 1초에 100번 진동을 했다면 진동수는 100 Hz가 되는 것이죠. 주기는 어떻게 될까요? 한 번 진동하는 데 걸리는 시간인 주기는 $\frac{1}{100}$ s = 0.01 s가 돼요. 이것을 통해 주기와 진동수는 역수 관계라는 것을 알 수 있어요.

🚜 **개념체크**

1 매질의 진동 방향이 파동의 진행 방향에 수직인 파동은?

2 음파와 같이 진행되는 파동의 종류를 일컫는 말은?

📋 1. 횡파 2. 종파

10 소리

소리의 크기, 높이, 맵시를 소리의 3요소라고 해!

무향실이란 벽이 소리를 흡수해 소리의 99 %를 흡수하도록 만든 장치가 설치된 방이에요. 음반 녹음을 하거나 기계 장치의 소음을 확인할 때 주로 이곳을 이용해요. 그렇다면 소리라는 것은 무엇이고, 어떻게 표현되는 걸까요?

소리

기타 줄을 튕기면 줄이 진동하면서 소리가 나요. 이때 떨리는 줄을 붙잡아 진동을 멈추면 더 이상 소리가 나지 않아요. 사람은 어떤가요? 사람은 성대를 진동시켜 소리를 발생시켜요.

소리란 무엇일까요? 소리는 물체의 진동 때문에 발생한 공기 입자의 진동이 사방으로 전달되는 파동으로, 음파라고도 해요. 즉, 소리라는 파동은 공기라는 매질이 진동함으로써 전달되는 것이에요. 소리는 대부분 공기를 통해 전달되지만, 액체나 고체를 통해서도 전달될 수 있어요. 그렇다면 소리는 빛처럼 매질 없이도 전달될 수 있을까요? 공기가 없는 곳에서는 어떨까요? 소리는 고체, 액체, 기체에서 모두 전달되지만 매질이 없는 진공에서는 전달되지 않아요.

 과학 선생님 @Physics

Q. 소리는 어떤 상태에서 잘 전달될까요?

소리는 분자 사이의 거리가 가까울수록 전달 속도가 빨라요. 따라서 전달 속력은 고체, 액체, 기체 순서예요. 또, 기온이 높을수록 공기의 분자 운동 속력이 빨라져 소리가 빨리 전달돼요.

\# 소리전달속도 \# 분자사이의거리가 \# 가까울수록 \# 기온이높을수록

소리의 전파

소리는 매질의 진동 방향이 파동의 진행 방향에 나란한 파동인 종파예요. 소리가 전달될 때 공기는 제자리에서 진동만 할 뿐 이동하지는 않아요. 그렇다면 어떻게 소리가 전달되는 것일까요? 소리가 전달되기 위해서는 먼저 소리가 발생해야 해요. 소리가 발생한다는 것은 어떤 물체가 진동하는 것으로 볼 수 있어요. 물체가 진동하면 소리가 발생하고, 소리의 매질인 공기의 진동으로 소리가 멀리까지 전달되는 것이에요.

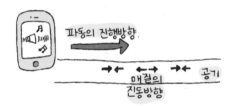

우리는 파동인 소리를 어떻게 인식하는 것일까요? 먼저 물체가 진동하여 소리가 발생하고 공기의 진동이 전파되어 사람의 고막을 진동시켜요. 그러면 사람의 감각 기관이 소리의 감각을 전기 신호로 전환하여 청각 세포에서 청각 신경으로 전달하고, 최종적으로 뇌로 전달되어 소리를 인식할 수 있게 되는 것이에요.

소리의 3요소

종파인 소리를 횡파 형태로 변환시켜 주는 장치를 이용하여, 소리의 3요소인 소리의 크기, 소리의 높낮이, 소리의 맵시에 대해 알아볼까요?
소리의 크기는 음파의 진폭과 관련이 있어요. 북을 약하게 치면 작은 소리가 나고, 세게 치면 큰 소리가 나는 것처럼 진폭이 클수록 큰 소리가 나요.

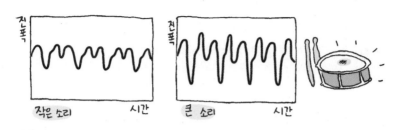

작은 소리   시간

큰 소리   시간

소리의 높낮이는 음파의 진동수와 관련이 있어요. 피아노를 예로 들면 피아노의 낮은 '도'보다 높은 '도'의 진동수가 커요. 즉, 진동수가 클수록 높은 소리가 나요.

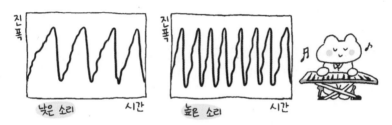

낮은 소리   시간

높은 소리   시간

소리의 맵시는 음파의 파형과 관련이 있어요. 같은 높이의 음을 같은 크기로 내어도 플루트 소리와 바이올린 소리가 다른 것도 파형이 다르기 때문이에요.

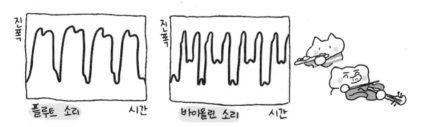

플루트 소리   시간

바이올린 소리   시간

개념체크

1 물체의 진동으로 발생한 공기 입자의 진동이 전달되는 파동은?

2 소리의 3요소는?

답 1. 소리 2. 소리의 크기, 높낮이, 맵시

탐구 STAGRAM

소리의 진폭, 진동수, 파형 탐구하기

Science Teacher

① 노트북에 마이크를 연결하고, 소리 분석 프로그램을 실행한다.
② 리코더로 낮은 '도' 음을 약하게 불 때와 세게 불 때 소리 분석 프로그램에 나
타나는 소리의 파형을 각각 파일로 저장한 다음, 출력한다.
③ 리코더로 낮은 '도'와 높은 '도' 음을 같은 크기로 불 때를 출력한다.
④ 리코더와 실로폰으로 같은 높이의 '도' 음을 같은 크기로 낼 때를 출력한다.

 좋아요 ♥   #소리의3요소 #크기는진폭 #높낮이는진동수 #맵시는파형

··

 리코더로 같은 음을 약하게 불 때와 세게 불 때를 소리 분석 프로그램으로 살펴
보면 무엇을 알 수 있나요?

 같은 음을 약하게 불 때와 세게 불 때의 진동수와 파형의 모습은 거
의 비슷하지만, 진폭이 다른 것을 볼 수 있어요. 세게 불 때 진폭이
더 큰 것을 확인할 수 있어요.

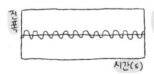
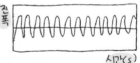

 리코더로 같은 크기로 다른 높이의 음을 부는 것을 통해서는 무엇을 알 수 있나요?

 같은 크기로 다른 높이의 음을 불 때에는 진폭과 파형의 모습은 거의 비
슷하지만, 진동수가 다른 것을 볼 수 있어요. 높은 음은 낮은 음보다 파
형이 더 빽빽해요. 높은 음이 진동수가 큰 것을 확인할 수 있어요.

| 새로운 댓글을 작성해 주세요. | 등록 |

 이것만은! • 소리의 크기는 진폭과 관련이 있으며, 큰 소리일수록 진폭이 크다.
• 소리의 높낮이는 진동수와 관련이 있으며, 높은 소리일수록 진동수가 크다.
• 소리의 맵시는 파형과 관련이 있으며, 악기의 종류가 다르면 파형이 다르다.

11 정전기 유도

가까운 쪽은 다른 종류의 전하로, 먼 쪽은 같은 종류의 전하로!

스웨터를 벗을 때 머리카락이 스웨터에 달라붙거나 따끔거려 놀란 적이 있나요? 이런 현상은 여름보다는 겨울에 훨씬 더 자주 일어나요. 이런 현상은 왜 일어나고, 겨울철에 왜 더 자주 발생하는 걸까요?

정전기

사탕을 먹기 위해 비닐을 벗기다 보면 비닐이 손에 붙어 잘 떨어지지 않을 때가 있죠? 이것은 바로 정전기 때문이에요.

정전기란 흐르지 않고 한곳에 머물러 있는 전기를 말해요. 전기는 왜 발생하고, 왜 한곳에 머물러 있는 것일까요? 종류가 다른 두 물체를 마찰시키면 전기가 발생하는데 이를 마찰 전기라고 해요. 마찰 전기는 도선을 따라 흐르지 않고 물체에 머물러 있기 때문에 정전기라고도 하지요. 종류가 다른 물체를 마찰시키면 왜 전기가 발생하는 것일까요?

이를 이해하기 위해서는 물질을 이루고 있는 원자에 대해 알아야 해요. 원자란 물질을 구성하는 가장 작은 입자예요. 원자는 그 중심에 (+)전하를 띠는 원자핵과 (−)전하를 띠면서 원자핵 주위를 돌고 있는 전자로 구성되어 있어요. 원자핵의 (+)전하량과 전자의 총 (−)전하량은 그 양이 같아요. 그래서 원자는 전기적으로 중성이에요. 원자핵은 움직이지 않지만, 전자는 끊임없이 움직여요. 여기서 두 물체를 마찰시켜 볼까요? 서로 다른 두 물체를 마찰시키면 물질마다 전자를 끌어당기는 정도가 달라서 두 물체 사이에 전자가 이동을 해요. 그 결과 중성이었던 물체가 전기를 띠게 되는 것이에요. 이 과정을 조금 더 자세히 알아볼까요?

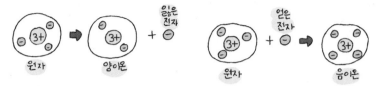

▲ A: (+) 전기를 띠는 경우   ▲ B: (−) 전기를 띠는 경우

서로 다른 물체인 물질 A와 B를 마찰시키면 전자가 이동해요. 물질 B
가 물질 A보다 전자를 끌어당기는 정도가 세다고 가정하면, A는 전자
를 잃고 B는 전자를 얻게 돼요.

A처럼 전자를 잃으면 (+)전하의 양이 상대적으로 많아져 (+)전기를
띠고, 양이온이라고 불러요. 또, B처럼 전자를 얻으면 (−)전하의 양이
많아져 (−)전기를 띠고, 음이온이라고 불러요. 이렇게 물체가 전기적 성
질을 띠는 현상을 대전이라고 하고, 전자의 이동으로 전기를 띤 물체를
대전체라고 해요.

전자를 끌어당기는 정도는 두 물체를 마찰시켜 보면 알 수 있는데, 매
번 마찰시켜 볼 수는 없겠죠? 그래서 전자를 끌어당기는 정도가 약한
것부터 순서대로 배열한 대전열을 이용해요.

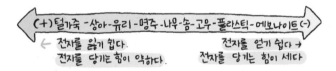

유리와 플라스틱을 마찰시키면 전자를 끌어당기는 힘이 약한 유리는
전자를 잃어 (+)전하로 대전되고, 플라스틱은 전자를 끌어당기는 힘이
세므로 전자를 얻어 (−)전하로 대전돼요. 털가죽과 유리를 마찰시키면
어떻게 될까요? 털가죽이 (+)전하로, 유리가 (−)전하로 대전되겠죠? 유
리는 어떤 물체와 마찰하느냐에 따라 (+)전하로 대전되기도 하고, (−)
전하로 대전되기도 해요.

전기력

서로 다른 물체를 마찰시키면 전기를 띠게 된다는 것을 알았죠? 이제 스웨터를 벗을 때, 스웨터와 머리카락의 마찰로 서로 전기를 띠는 것도 알게 되었어요. 단지 전기를 띠게 된 것일 뿐인데 왜 머리카락이 달라붙는 것일까요? 달라붙는다는 것은 두 물체 사이에 힘이 작용하는 것을 의미해요. 어떤 힘이 작용하는 것일까요?

대전된 물체는 전자의 이동으로 서로 다른 전기를 띠게 돼요. 전자를 잃은 물체는 (+)전기를 띠게 되고, 전자를 얻은 물체는 (−)전기를 띠게 되죠. 이렇게 전기를 띠는 두 물체 사이에 작용하는 힘을 전기력이라고 해요.

(+)전기와 (−)전기 사이에 작용하는 힘처럼 서로 다른 종류의 전기를 띤 물체끼리 서로 끌어당기는 힘을 인력이라고 해요. 반면에 (+)전기와 (+)전기 또는 (−)전기와 (−)전기 사이에 작용하는 힘처럼 같은 종류의 전기를 띤 물체끼리 서로 밀어내는 힘을 척력이라고 해요.

전기력은 대전체에 대전된 전하의 양이 많을수록 커지고, 두 대전체 사이의 거리가 가까울수록 커져요.

정전기 유도

비커 위에 대전되지 않은 금속 막대를 올려 두고, (+)전하로 대전된 유리 막대를 가까이 해 볼까요?

(+)전하로 대전된 유리 막대를 가까이 하면 금속 막대를 구성하고 있는 (−)전하를 띠는 전자들이 인력에 의해 유리 막대 쪽으로 이동해요. 따라서 유리 막대와 가까운 쪽에 있는 금속 막대는 유리

막대와 반대인 (−)전하로 대전돼요. 그리고 (+)전하를 띠는 원자핵은 움직이지 않지만, 유리 막대에서 먼 쪽에 있는 금속 막대는 (−)전하를 띠는 전자들이 유리 막대와 가까운 쪽으로 이동하여 상대적으로 유리 막대와 같은 (+)로 대전되어요.

이렇게 대전체를 가까이 할 때, 도체의 양 끝이 전기를 띠는 현상을 정전기 유도라고 해요. 즉, 정전기 유도 현상이란 대전된 물체를 금속에 가까이 할 때 금속에서 대전체와 가까운 쪽은 대전체와 다른 종류의 전하가, 대전체와 먼 쪽은 대전체와 같은 종류의 전하가 유도되는 현상을 말해요.

앞의 그림처럼 유리 막대를 금속 가까이에 가져가는 것을 접근이라고 한다면, 유리 막대와 금속 막대를 완전히 닿게 하는 것은 접촉이라고 해요. 접근과 접촉의 다른 점은 무엇일까요? 접근 상태에서는 전자가 이동할 수 없지만, 접촉 상태에서는 전자가 직접 이동할 수 있어요.

전기를 띠지 않은 두 금속구를 접촉시켜 볼까요? (+)전하를 띤 대전체를 금속구에 가까이 하면 (−)전하를 띤 전자가 대전체와 가까운 쪽으로 이동해요. 이때 대전체를 멀리 하는 동시에 두 금속구를 떼어 놓으면, 왼쪽 금속구는 (−)전하로, 오른쪽 금속구는 (+)전하로 대전돼요. 이렇게 정전기 유도를 이용하면 물체를 마찰시키지 않고도 대전시킬 수 있어요.

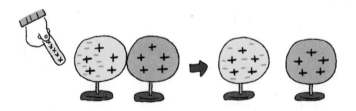

검전기

 정전기 유도 현상을 이용하여 물체의 대전 여부, 물체에 대전된 전하의 종류, 물체에 대전된 전하의 양을 비교할 수 있는 도구를 검전기라고 해요. 검전기는 금속판에 연결된 금속 막대의 끝에 얇고 가벼운 금속박 두 장을 붙여 유리병 안에 넣은 물체예요.

 대전되지 않은 검전기에 물체를 가까이 하면 유리병 안의 금속박은 움직이지 않아요.

 이번에는 검전기에 (+)대전체를 가까 이 가져가 볼까요? 검전기 안의 (-)전 하를 띠는 전자들이 인력에 의해 이동 하여 금속판은 (-)전하로 대전되고, 금

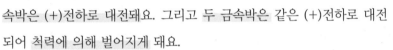

속박은 (+)전하로 대전돼요. 그리고 두 금속박은 같은 (+)전하로 대전 되어 척력에 의해 벌어지게 돼요.

 마찬가지로 (-)대전체를 검전기에 가까이 하면 검전기 안의 전자가 척력에 의해 이동하여 금속판은 (+)전하로, 금속박은 (-)전하로 대전돼 요. 따라서 두 금속박은 척력에 의해 벌어지게 돼요.

 과학 선생님 @Physics

Q. 전하와 전자는 다른 것인가요?
(-)전하를 띠는 입자를 전자라고 하고, 전기적 성질을 나타나게 하는 것을 전하라고 해요.

 #떡볶이를많이먹는다고 #너가떡볶이는아니듯이 #전하를많이가진 #전자일뿐

🔧 **개념체크**

 1 대전되지 않은 도체에 대전체를 가까이 가져갈 때, 도체 양 끝이 대전되는 현상은?

 2 정전기 유도 현상을 이용하여 물체가 대전되었는지 확인하는 도구는?

답 1. 정전기 유도 현상 2. 검전기

탐구 STAGRAM

 마찰 전기를 이용한 정전기 유도 실험

Science Teacher

① (−)전하로 대전된 플라스틱 막대를 대전되지 않은 검전기의 금속판에 가까이 하면서 금속박의 움직임을 관찰한다.

② 금속판에 손가락을 대면서 금속박의 움직임을 관찰한다.

③ 손가락과 플라스틱 막대를 동시에 멀리 치우면서 금속박의 움직임을 관찰한다.

 좋아요 ♥   #정전기유도 #검전기 #접지 #전자이동

 대전되지 않은 검전기에 (−)전하로 대전된 플라스틱 막대를 가까이 하면 검전기는 어떻게 되나요?

 금속판의 전자가 (−)대전체와의 척력에 의해 금속박으로 이동하여, 금속판에는 (+)전하가, 금속박에는 (−)전하가 유도돼요. 따라서 금속박은 같은 (−)전하의 척력에 의해 벌어져요.

 손가락을 대는 이유는 무엇인가요?

 접지의 과정이에요. 손가락을 대는 것은 (−)전하를 띠는 유리 막대를 피해 전자가 더 멀리 이동할 수 있는 길이 하나 더 생겼다고 생각하면 쉬워요. (−)전하로 대전된 플라스틱 막대에 의해 전자들이 척력을 받고 있죠? 전자들이 손가락을 통해 검전기 밖으로 빠져나가게 돼요. 이때 금속박에 존재하던 전자들 사이의 척력이 사라지므로 금속박이 오므라들지만, 대전체와 손을 동시에 치우면 검전기가 (+)전하로 대전되어 금속박이 다시 벌어져요.

새로운 댓글을 작성해 주세요.   등록

 이것만은! · 검전기는 금속판과 금속박으로 구성되어 있다.

· 검전기는 정전기 유도를 이용하여 물체가 대전되었는지 알아보는 기구이다.

12 전류와 전압

전류는 전하의 흐름이고 전압은 전류를 흐르게 하는 능력이야~

물레방아는 파이프를 따라 물이 계속 순환하며 돌아가게 되어 있는데, 이 원리는 무엇일까요? 또, 물레방아의 물 순환 밸브를 잠그면 어떻게 될까요?

전류

물질은 원자로 구성되어 있고, 원자는 (+)전하를 띠는 원자핵과 (−)전하를 띠는 전자로 구성되어 있어요. (+)전하를 띠는 원자핵은 움직이지 않지만, (−)전하를 띠는 전자는 자유롭게 움직일 수 있어 자유 전자라고 불러요. 이처럼 전자들의 이동을 전하가 흐른다고 하고 이러한 전하의 흐름을 **전류**라고 해요. 전자는 (−)전하를 띠므로 (−)극에서 척력을 받고, 인력에 의해 (+)극으로 이동해요. 그렇다면 이것이 전류의 방향일까요? 아니에요. 전류는 전지의 (+)극에서 (−)극으로 이동해요. 즉, 전류와 전자의 이동 방향은 반대 방향이에요.

전류의 세기는 어떻게 나타낼까요? 전류는 전하의 흐름이므로, **전류의 세기는 1초 동안 도선의 한 단면을 통과하는 전하의 양**으로 표현해요.

 과학 선생님 @Physics

Q. 전자의 흐름? 전하의 흐름? 다른 건가요?

실제로 이동하는 것은 (−)전하를 띠는 전자가 맞아요. 그런데 전자의 존재를 알기 전, 전류의 흐름을 (+)전하가 흐르는 것이라고 약속했어요. 이후 (+)전하가 흐르는 것이 아니라는 것이 밝혀졌어요. 그러나 많은 연구가 이루어진 상태여서 전류의 방향과 전자의 이동 방향을 구분하여 사용하고 있어요.

#(+)전하의움직임은 #과학자들의 #약속일뿐 #헷갈리게 #왜들그러세요.

전류의 단위는 A(암페어)를 사용하며, 1 A는 1초 동안 6.25×10^{18}개의 전자가 이동할 때의 전류의 세기예요.

전류계

전류를 측정하는 장치를 **전류계**라고 해요. 전류계는 어떻게 사용하는 걸까요? 가장 먼저 전류계를 전기 회로에 직렬로 연결해야 해요.

전기 회로란 전지, 저항, 스위치 등을 연결하여 전류가 흐를 수 있도록 한 것이에요. 직접 연결한다는 것은 저항 없이 연결한 것을 말하고, 전류계를 직접 연결할 경우 센 전류가 흘러 화재의 위험이 있으므로 반드시 저항과 직렬로 연결하여 사용해야 해요.

전류계에는 (+)단자와 (−)단자가 있는데, 전류계의 (+)단자에는 전지의 (+)극을, 전류계의 (−)단자에는 전지의 (−)극을 연결해요. 전류계의 (−)단자에는 가장 큰 값부터 연결하고, 바늘이 너무 미세하게 움직이면 작은 값으로 옮겨 연결해야 해요. 그리고 나서 연결한 (−)단자에 해당하는 전류계의 눈금을 읽어 주면 돼요.

전하량 보존 법칙

전기 회로를 물의 흐름으로 비유해 볼게요. 물의 흐름을 전류, 파이프를 도선, 밸브를 스위치, 물레방아를 전구, 펌프를 전지로 비유해 볼 수 있어요. 물이 파이프를 따라 흘러 물레방아를 돌리는 일을 하게 되지요? 이처럼 전류도 도선을 따라 흐르면서 전구에 불을 밝히는 일을 해요.

도선의 한 단면을 통과하는 전하의 양을 **전하량**이라고 하며, 단위로는 C(쿨롬)을 사용해요. 전하량은 전류의 세기가 셀수록, 전류가 흐른 시간이 길수록 많아요.

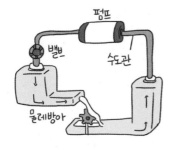 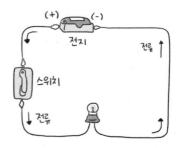

물레방아를 돌린 물은 어떻게 되었나요? 물레방아를 돌리는 일을 했다고 해서 물이 사라지거나 새로 생겼나요? 아니에요. 전하 역시 전구에 불을 밝히는 일을 하더라도 다시 도선을 따라 흘러요. 도선을 따라 전하가 이동하는 동안 전하는 없어지거나 새로 생겨나지 않고 항상 일정하게 보존되는데, 이를 전하량 보존 법칙이라고 해요.

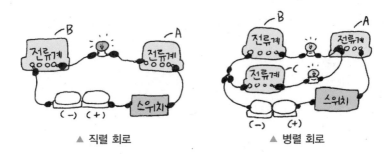

▲ 직렬 회로   ▲ 병렬 회로

직렬 회로에서 전류계 A와 B에 측정되는 전류의 세기는 어떨까요? 전류의 세기는 1초 동안 도선을 통과하는 전하의 양이라고 했죠? 전하가 이동하는 동안 전하의 양은 항상 일정하게 보존되므로 전류계 A와 B에서 측정되는 전류의 세기는 같아요. 병렬 회로에서는 어떤가요? 전류계 A에 흐르는 전류의 세기가 전류계 B와 C에 나뉘어 흐르게 되겠지요? 따라서 전류계 B와 C에 흐르는 전류의 세기의 합은 전류계 A에 흐르는 전류의 세기와 같아요.

전압

펌프의 압력에 의해 물이 계속 흐르듯이 전류도 전지의 전압에 의해 계속 흐르게 돼요. 이렇게 전기 회로에서 전류를 흐르게 하는 능력을 전압이라고 하고, 단위로는 V(볼트)를 사용해요.

펌프를 직렬로 연결하면 물의 높이 차이가 더 커지겠죠? 이처럼 전지를 직렬로 연결했을 때 전체 전압은 각 전지의 전압의 합과 같아요. 펌프를 병렬로 연결하면 물의 높이 차이는 변하지 않지만, 펌프의 수명은 하나를 사용할 때보다 길어져요. 즉, 전지를 병렬로 연결하면 전체 전압은 전지 하나의 전압과 같지만, 전지를 보다 오래 사용할 수 있어요.

전압계

전압을 측정하는 장치를 전압계라고 해요. 전압계는 어떻게 사용할까요? 먼저 전압계를 전기 회로에 병렬로 연결해야 해요. 전압계에는 (+)단자와 (−)단자가 있는데, 전압계의 (+)단자에는 전지의 (+)극을, 전압계의 (−)단자에는 전지의 (−)극을 연결해요. 전압계의 (−)단자는 가장 큰 값부터 연결하고, 바늘이 너무 작게 움직이면 작은 값으로 옮겨 연결해야 해요. 그리고 나서 (−)단자에 해당하는 전압계의 눈금을 읽어 주면 돼요.

전류계와 전압계 사용법

영점 조절 ➡ 회로에 연결 ➡ 측정 범위 선택 ➡ 눈금 읽기

개념체크

1 전하의 흐름을 일컫는 말은? 또, 전류의 방향은?
2 전기 회로에서 전류를 흐르게 하는 능력을 일컫는 말은? 그 단위는?

답 1. 전류, 전지의 (+)극 → (−)극 2. 전압, V(볼트)

13 저항

저항은 전류의 흐름을 방해하는 정도를 말해!

장애물 달리기를 해 본 적이 있나요? 장애물 달리기 코스에는 통을 통과하는 과정이 있어요. 좁고 긴 통과 넓고 짧은 통이 있다면, 어느 통을 통과하는 것이 더 쉬울까요?

저항

도선 속에서 자유 전자가 흐르면서 원자와 충돌이 일어나면 전기 저항이 나타나요. 전기 저항이란 전류의 흐름을 방해하는 정도를 말해요. 단위는 Ω(옴)으로, 1 Ω은 1 V의 전압을 걸어줄 때 1 A의 전류를 흐르게 하는 저항의 크기예요. 전기 저항은 어떻게 결정될까요?

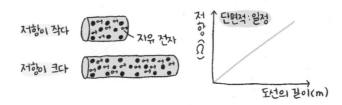

도선의 길이가 다르고, 단면적이 같은 경우예요. 도선이 길수록 자유 전자와 원자의 충돌하는 횟수가 많아지겠죠? 이것은 전류의 흐름을 방해하는 정도가 커지는 것을 뜻해요. 따라서 도선이 길수록 전기 저항이 커진다는 것을 알 수 있어요. 즉, 전기 저항은 도선의 길이에 비례해요.

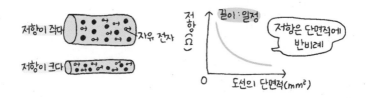

도선의 길이가 같고, 단면적이 다른 경우는 어떨까요? 도선의 단면적이 작아지면 전자와 원자 사이의 충돌이 증가하겠죠? 이를 통해 도선이 가늘수록 저항이 커진다는 것을 알 수 있어요. 즉, 전기 저항은 도선의 단면적에 반비례해요.

$$전기\ 저항(R) \propto \frac{도선의\ 길이(l)}{도선의\ 단면적(S)}$$

저항의 연결

▲ 저항의 직렬 연결   ▲ 저항의 병렬 연결

저항을 직렬로 연결하면 도선의 길이가 길어지는 효과가 나요. 그래서 전체 저항은 각 저항의 합(3 Ω + 3 Ω = 6 Ω)으로 구할 수 있어요. 한편, 저항을 병렬로 연결하면 도선의 단면적이 넓어지는 효과가 나요. 병렬 연결에서 전체 저항의 역수는 각 저항의 역수의 합($\frac{1}{3\Omega} + \frac{1}{3\Omega} = \frac{1}{1.5\Omega}$)과 같아요.

전류, 전압, 저항의 관계

전류, 전압, 저항은 서로 어떤 관계가 있을까요?

저항이 일정할 때, 전기 회로에서 전압이 2배, 3배로 증가하면 전류는 어떻게 변할까요? 전류의 흐름을 방해하는 정도는 일정한데 전류를 흐르게 하는 능력이 증가하므로 전류도 2배, 3배로 증가하게 돼요. 즉, 전류와 전압이 비례하는 것을 알 수 있어요. 이를 옴의 법칙이라고 해요.

전압이 일정할 때, 전기 회로에 흐르는 전기 저항을 증가시키면 어떨까요? 전류를 흐르게 하는 능력은 일정하므로 전류의 흐름을 방해하는 정도를 증가시키면 전하의 흐름은 감소해요. 따라서 전기 회로에 흐르는 전류는 전기 저항에 반비례한다는 것을 알 수 있어요.

$$전류 = \frac{전압}{저항} \implies V = IR, \quad R = \frac{V}{I}$$

 과학 선생님 @Physics

Q. 전압-전류 그래프에서 기울기는 무엇을 의미하나요?

전압의 변화에 따른 전류 그래프에서 기울기는 저항의 역수예요. 기울기가 클수록 저항이 작아요. 따라서 오른쪽 그래프에서는 물질 A의 저항이 물질 B의 저항보다 큰 것을 알 수 있어요.

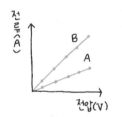

\# 전류와전압은   \# 비례해   \# 전압-전류그래프   \# 기울기는저항의역수

개념체크

1 같은 물질로 이루어진 전기 저항에서 전기 저항의 크기를 결정하는 두 가지 요인은?

2 전류, 전압, 저항의 관계는?

　　　1. 도선의 길이와 단면적   2. 전류는 전압에 비례하고, 전기 저항에는 반비례한다.

탐구 STAGRAM

전압과 전류, 저항의 관계

Science Teacher

① 전원 장치, 전류계, 전압계, 니크롬선, 스위치를 집게 도선으로 연결한다.

② 니크롬선에 걸리는 전압을 2 V, 4 V, 6 V로 늘리면서, 니크롬선에 흐르는 전류를 각각 측정한다.

③ 니크롬선을 직렬로 2개, 3개 연결하면서, 니크롬선에 흐르는 전류를 각각 측정한다.

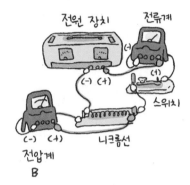

🎯 좋아요 ♥   #전압 #전기저항 #전류 #옴의법칙 #전류-전압비례 #전류-저항반비례

 니크롬선에 걸리는 전압을 2배, 3배로 늘리면서 회로에 흐르는 전류를 측정하면 전류는 어떻게 변하나요?

 전압이 2 V일 때는 1.5 A, 4 V일 때는 3 A, 6 V일 때는 4.5 A로 측정돼요. 저항이 일정할 때 전기 회로에 흐르는 전류는 전압에 비례함을 알 수 있어요.

 니크롬선 2개, 3개를 직렬로 연결하면서 니크롬선에 흐르는 전류를 측정하면 전류는 어떻게 변하나요?

 저항이 증가함에 따라 전기 회로에 흐르는 전류의 세기가 감소함을 알 수 있어요. 전압이 일정할 때 전기 회로에 흐르는 전류는 전기 저항에 반비례함을 알 수 있어요.

 새로운 댓글을 작성해 주세요.   등록

 이것만은!
- 저항이 일정할 때, 전기 회로에 흐르는 전류는 전압에 비례한다.
- 전압이 일정할 때, 전기 회로에 흐르는 전류는 저항에 반비례한다.
- $I = V/R \rightarrow V = IR$

14 자기장

자기장이란 자기력이 미치는 공간이야!

전기차에 대해 들어본 적이 있나요? 전기차의 구조를 보면 전동기가 사용되고 있는 것을 알 수 있어요. 전기 에너지를 사용해 움직이는 대부분의 전기 기구에도 전동기가 이용돼요. 전동기는 무엇일까요?

자기장과 자기력선

자석은 N극과 S극이 있어요. 두 개의 자석을 가까이 대어 본 적이 있나요? 같은 극을 가까이 하면 서로 밀어내려는 힘이 작용하고, 서로 다른 극을 가까이 하면 서로 끌어당기는 힘이 작용해요. 이렇게 자석과 자석 또는 자석과 쇠붙이 사이에 작용하는 힘을 **자기력**이라고 해요. 그리고 자기력이 작용하는 방향을 나타낸 선을 **자기력선**이라고 해요.

자기력선은 나침반 바늘의 N극이 가리키는 방향을 이은 선으로 N극에서 나와서 S극으로 들어가고, 도중에 끊어지거나 교차하지 않아요. 이 자기력선으로 자기장의 모양과 방향을 알 수 있어요. 한편, **자기장**은 자기력이 미치는 공간을 말해요.

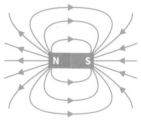

 과학 선생님 @Physics

Q. 나침반의 N극은 왜 북극을 가리키나요?

우리는 나침반을 이용하여 방향을 찾을 수 있어요. 나침반의 N극이 북극을 가리키는 것은 어딘가에 S극이 있다는 뜻이겠죠? 지구는 남극이 N극, 북극이 S극인 거대한 자석과 같아요.

지구라는 　# 거대한 　# 자석 　# 북쪽은 　# S극성질을 　# 남쪽은 　# N극성질을

전류가 만드는 자기장

자기장은 자석 주위에만 생기는 것은 아니에요. 전류가 흐르는 도선 주위에도 자기장이 생겨요.

직선 도선 주위의 자기장은 도선을 중심으로 한 동심원 모양이에요. 자기장은 도선에 흐르는 전류가 셀수록, 도선에 가까울수록 세요.

자기장이 향하는 방향은 어떻게 알 수 있을까요? 간단하게 알 수 있는데 오른손의 엄지손가락을 전류의 방향으로 두고, 나머지 네 손가락으로 도선을 감아줄 때 네 손가락이 향하는 방향이 자기장의 방향이에요. 위 또는 아래로 엄지손가락의 방향이 달라질 때마다 나머지 네 손가락의 방향도 달라지겠죠? 따라서 전류의 방향이 달라지면 자기장의 방향도 달라지는 것을 알 수 있어요.

원형 도선 주위의 자기장은 직선 도선을 연장한 것으로 볼 수 있어요. 즉, 도선의 각 부분을 작은 직선 도선의 연결로 생각하면 쉬워요. 직선 도선에서 생기는 자기력선이 합쳐진 모양이라고 볼 수 있겠죠?

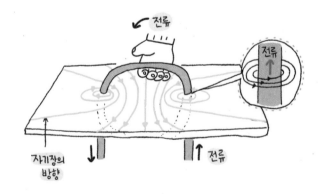

원형 도선 주위의 자기장은 직선 도선 주위의 자기장과 같이 도선에

흐르는 전류가 셀수록 세요. 그리고 안쪽의 자기장이 바깥쪽보다 세요.

원형 도선의 자기장의 방향도 같은 방법으로 찾을 수 있어요. 오른손의 엄지손가락을 전류의 방향으로 두고, 나머지 네 손가락으로 도선을 감아쥘 때, 나머지 네 손가락이 향하는 방향아 자기장의 방향이에요. 직선 도선 주위의 자기장과 같이 전류의 방향이 달라지면 원형 도선 주위의 자기장의 방향도 달라져요.

코일 주위의 자기장은 코일 내부에서는 직선 모양이고, 코일 외부에서는 막대자석에 의한 자기장의 모양과 비슷해요. 그런데 코일 주위의 자기장은 직선 및 원형 도선과는 다른 방향을 가져요. 오른손의 네 손가락을 전류의 방향으로 감아쥘 때, 엄지손가락이 향하는 방향이 코일 내부의 자기장의 방향이에요.

코일 주위의 자기장으로 전류의 방향이 달라지면 자기장의 방향도 달라져요. 코일 주위의 자기장은 전류가 셀수록, 코일의 감은 수가 많을수록 세며, 안쪽의 자기장이 바깥쪽보다 세요.

전자기력

도선에 전류가 흐르면 도선 주위에 자기장이 생기는데, 이 자기장과 자석이 만드는 자기장의 상호 작용으로 힘이 발생해요. 이때 자기장 속에서 전류가 흐르는 도선이 받는 힘을 **전자기력**이라고 해요.

전자기력의 방향을 어떻게 알 수 있을까요? 오른손을 편 상태에서 네 손가락을 자기장의 방향과 일치시키고 엄지손가락을 전류의 방향과 일치시킬 때 손바닥이 향하는 방향이 전자기력의 방향이에요. 전자기력은 전류의 세기와 자기장의 세기에 비례해요.

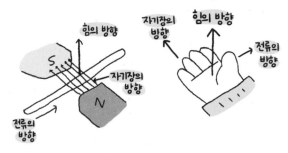

[오른손을 써서 알아보는 방법]

전자기력을 이용한 실생활의 예로는 전동기를 들 수 있어요. **전동기**란 자기장 속에서 흐르는 전류에 도선이 받는 힘을 이용하여 전기 에너지를 역학적 에너지로 전환시키는 장치예요. 전동기는 전류가 셀수록, 자기력이 큰 자석을 이용할수록 빠르게 회전해요. 또, 자석의 극을 바꾸거나 전류의 방향을 바꾸면 전동기의 회전 방향이 반대로 되는 것을 알 수 있어요. 이 밖에 선풍기, 에어컨, 세탁기 등에도 전동기가 이용되고 있어요.

개념체크

1 자기력이 미치는 공간은?
2 자기력이 작용하는 방향을 나타낸 선은?
3 자기장 속에서 전류가 흐르는 도선이 받는 힘은?

1. 자기장 2. 자기력선 3. 전자기력

탐구 STAGRAM

전동기 만들기

Science Teacher

① 애나멜선을 원 모양으로 5~10번 정도 감고 풀리지
않게 양쪽을 고정한다.

② 사포를 이용하여 에나멜선의 한 쪽 끝을 완전히
벗겨 내고, 다른 한 쪽은 절반만 벗긴다.

③ 전지 끼우개에 전지를 끼우고, 전지 끼우개와
전지 사이에 구리판을 세운다.

④ 네오디뮴 자석을 전지에 수평으로 붙이고, 구리판 구멍에 에나멜선을 넣고
손으로 가볍게 돌린 후 관찰한다.

🎯 좋아요 ♥　　　　　　　　#전자기력 #전동기 #손바닥이향하는방향 #힘의방향

 에나멜선은 어떤 힘에 의해 돌아가는 건가요?

 전자기력이에요. 자석이 만드는 자기장과, 에나멜선에 전류가 흐를 때
만들어지는 자기장의 상호작용에 의해 에나멜선이 돌아가는 것이에요.

 에나멜선의 한 쪽은 모두 벗기고, 다른 한 쪽은 반만 벗기는 이유는 무엇인가요?

 에나멜선이 계속 한 방향으로 회전하도록 하기 위한 거예요. 한 바퀴
도는 동안 반 바퀴는 힘을 받고 반 바퀴는 힘을 받지 않도록 하여,
힘을 받지 않는 동안은 회전하던 관성에 의해 같은 방향으로 움직이
도록 하기 위해서예요.

 ┃새로운 댓글을 작성해 주세요.　　　　　　　　　　　　　　　　등록

 이것만은! ・자기장 속에서 전류가 흐르는 도선은 전류와 자기장의 방향에 각각 수직인 방향으로 힘
을 받는다.

15 열의 이동

열이 이동하는 방법에는 전도, 대류, 복사가 있어!

라면을 끓여본 적이 있나요? 라면을 먹기 위해 냄비에 물을 넣어 끓이면 불에 닿아 있는 냄비는 뜨거워지고, 냄비 속의 물은 점점 끓어올라요. 또, 라면을 끓이는 불 옆에 있으면 따뜻해져요. 이런 현상은 어떻게 설명할 수 있을까요?

온도

온도는 물체의 차고 뜨거운 정도를 수치로 나타낸 것이에요. 단위로는 ℃(섭씨도), K(켈빈)을 사용해요.

섭씨온도(℃)는 1기압에서 물의 어는점을 0 ℃, 끓는점을 100 ℃로 하여 그 사이를 100등분한 온도예요.

절대 온도(K)란 무엇일까요? 물질을 이루는 분자는 가만히 있지 않고 끊임없이 움직여요. 이러한 분자들의 움직임을 분자 운동이라고 해요. 물질의 온도가 높을수록 분자 운동이 활발해요. **절대 온도(K)**란 이러한 분자 운동이 활발한 정도를 나타내는 온도예요. 따라서 분자 운동이 완전히 멈추었을 때, 절대 온도는 0 K가 되는 것이에요.

 과학 선생님 @Physics

Q. 섭씨온도와 절대 온도는 어떤 관계인가요?

섭씨온도와 절대 온도의 눈금 간격은 서로 같아요. 절대 온도 0 K는 섭씨온도로 −273 ℃이며, 절대 온도 273 K는 섭씨온도 0 ℃예요. 즉, 섭씨온도에 273을 더한 값이 절대 온도예요.

\# 절대온도 \# 너와나의거리는 \# 273 \# feat.섭씨온도

절대 온도와 섭씨온도의 관계

섭씨온도(℃) + 273 = 절대 온도(K)

과학 선생님 @Physics

Q. 절대 온도에도 +, - 기호가 붙을 수 있나요?

물질의 성질을 띠는 가장 작은 입자를 분자라고 해요. 절대 온도 0 K에서는 분자 운동이 완전히 멈춰요. 따라서 0 K보다 낮은 온도는 존재하지않으므로 '−' 기호가 붙지않아요.

#모든_것이 #멈춰버리는 #제로의_세계 #절대온도 #0도

열의 이동

열이란 무엇일까요? **열**이란 물체의 온도 차이에 의해 한 물체에서 다른 물체로 이동하는 에너지를 말해요. 바로 이 열이 물체의 온도나 상태를 변화시키는 원인이에요. 물이 높은 곳에서 낮은 곳으로 흐르는 것처럼, 열도 자연스러운 방향성을 가지고 있어요. 즉, 열은 온도가 높은 물체에서 온도가 낮은 물체로 이동해요.

두 개의 물체가 있다고 가정해 볼게요. 물체 A는 온도가 높고, 물체 B는 온도가 낮아요. 그렇다면 온도가 높은 물체 A에서 온도

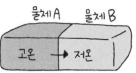

가 낮은 물체 B로 열이 이동하겠죠? 그 결과 열을 잃은 물체 A는 온도가 낮아지고, 열을 얻은 물체 B는 온도가 높아져요. 여기서 두 물체 사이에 이동하는 열의 양을 **열량**이라고 해요. 두 물체 A, B의 온도 차가 클수록 이동하는 열량도 많아요.

에너지, 즉 열의 이동은 분자 운동과 관련이 있어요. 온도가 서로 다른 두 물체를 접촉시켜 볼까요? 분자 운동이 활발한 입자와 분자 운동이 느린 입자가 충돌하면, 분자 운동이 활발한 입자는 분자 운동이 느려지고 분자 운동이 느린 입자는 분자 운동이 활발해져요. 따라서 분자의 충돌 때문에 온도가 높은 물체에서 온도가 낮은 물체로 열이 이동하는 것이라고 볼 수 있어요.

열의 이동 방식

프라이팬은 음식을 잘 익힐 수 있도록 금속으로 만들어져 있어요. 반면에 손잡이는 뜨겁지 않게 플라스틱으로 된 것들이 많아요. 프라이팬에 열을 가하면 얼마 지나지 않

아 손잡이와 연결된 부분까지 열이 전달되는데, 이것은 가열된 입자들이 빠르게 움직이면서 옆의 입자와 충돌하고, 또 이 입자들이 그 옆의 입자와 충돌하는 형태로 열이 전달되기 때문이에요. 이렇게 고체에서 물질을 이루고 있는 입자의 운동이 이웃한 입자에 차례대로 전달되어 열이 이동하는 현상을 전도라고 해요.

물체마다 열이 전달되는 정도가 다른데, 금속은 금속이 아닌 물체보다 열이 더 잘 전달돼요. 물체의 온도가 높아지면 분자 운동이 활발해지고, 이웃한 분자들과 충돌하면서 분자 운동이 더 활발해지면서 온도가 높아지는 것이에요.

차를 마시기 위해 물을 끓여본 적이 있나요? 물이 보글보글 끓죠? 물이 끓으면 아래에 있던 물이 위로, 위에 있던 물이 아래로 이동해요. 왜 그럴까요? 물을 가열하면 열에너지를 얻어 온도가 높아진 아래쪽 물이 위쪽으로 올라가고, 온도가 낮은 물은 위쪽에서 아래쪽으로 이동해요. 이런 과정을 반복하면 불꽃이 닿지 않는 윗부분까지 열이 전달되는데, 이

렇게 액체나 기체 상태의 물질이 직접 다른 곳으로 이동하면서 열을 전달하는 현상을 **대류**라고 해요.

복사는 전도나 대류 현상과 달리 열이 직접 전달되는 현상이에요. 예를 들면, 모닥불을 피워놓고 앞에 앉아 있으면, 주위의 공기가 차가워도 모닥불 근처는 열이 전달되어 따뜻해지는데, 이처럼 어떤 전달 물질 없이 열이 직접 전달되는 현상을 **복사**라고 해요.

지구도 복사열을 받아요 즉, 태양계도 물질이 없는 진공 상태이지만, 태양열이 복사에 의해 지구로 직접 전달되어서 그 열로 생물이 살아갈 수 있는 거예요. 한편, 복사의 경우 물체의 온도가 높을수록 많은 양의 에너지를 방출하면서 열을 전달해요.

개념체크

1 고체에서 물질을 이루고 있는 입자의 운동이 이웃한 입자에 차례대로 전달되어 열이 이동하는 현상은?

2 액체나 기체 상태의 물질이 직접 다른 곳으로 이동하면서 열을 전달하는 현상은?

3 물질의 도움 없이 열이 직접 전달되는 현상은?

답 1. 전도 2. 대류 3. 복사

탐구 STAGRAM

여러 가지 재료를 이용하여 효과적인 단열 방법 찾기

Science Teacher

① 4개의 생수병을 준비하여 하나는 그대로
두고, 나머지 세 개는 각각 비닐, 종이,
알루미늄 포일로 통 전체를 감싼다.

② ①의 생수병 3개와 아무것으로도 감싸지
않은 생수병 1개에 4 ℃의 물을 채우고,
디지털 온도계를 고정하여 온도를 측정
한다.

③ 일정한 시간 간격으로 온도 변화를 관측
하여 기록한다.

🎯 좋아요 ♥   #열의이동 #단열 #온도변화 #알루미늄포일이최고

- -

 4개의 생수병 중에서 아무것도 감싸지 않은 생수병을 두는 이유는 무엇인가요?

 아무 장치도 하지 않은 생수병 속의 물의 온도를 함께 측정해야 비
닐, 종이, 알루미늄 포일의 효과를 비교하여 알 수 있기 때문이에요.

 4개의 생수병 중에서 온도 변화가 가장 작게 일어난 생수병은 어떤 것이고, 왜
그런 현상이 일어나나요?

 알루미늄 포일의 온도 변화가 가장 작아요. 알루미늄 포일은 단열이
잘 되어 복사로 일어나는 열의 전달을 막는 데 효과적이기 때문이에
요. 또, 공기에서는 열의 전도가 매우 느리게 일어나기 때문에 공기를
많이 포함한 물질은 전도로 일어나는 열의 전달을 효과적으로 막을
수 있답니다.

 새로운 댓글을 작성해 주세요.   등록

✏️ **이것만은!** • 단열을 하면 열의 이동을 막아 온도를 일정하게 유지할 수 있다.
                  • 내부에 많은 양의 공기를 가지고 있다면 전도에 의한 열의 이동을 효과적으로 막을 수
                    있다.

물리

16 열평형

열평형이란 열이 균형을 이뤄 온도가 같아지는 상태야!

여름철 계곡에 놀러 갔을 때, 시원한 수박을 먹기 위해 어떤 방법을 사용하나요? 아이스박스를 이용하면 좋지만, 그런 것이 없을 때에는 과일을 계곡 물에 담가 두기도 해요. 차가운 물에 과일을 오랫동안 담가 두면 과일이 시원해지는데, 그 원리는 무엇일까요?

열의 이동

앞에서 배웠듯이 온도가 서로 다른 두 물체를 접촉시키면 분자 운동이 활발한 입자가 분자 운동이 느린 입자와 충돌하여 분자 운동이 활발한 입자는 분자 운동이 느려지고 분자 운동이 느린 입자는 분자 운동이 활발해져요.

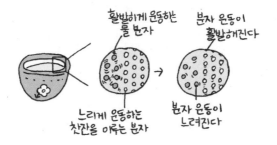

차와 찻잔 사이의 분자 운동을 살펴보면, 활발하게 운동하는 물 분자가 느리게 운동하는 찻잔을 이루는 분자와 충돌해요. 그러면 활발하게 운동하는 물 분자는 운동이 느려지고 느리게 운동하던 찻잔을 이루는 분자는 운동이 활발해져요. 이처럼 분자의 충돌에 의해 온도가 높은 물체에서 온도가 낮은 물체로 열이 이동하게 되어요. 이런 열의 이동 방식에 따라 입자의 운동이 이웃한 입자에 차례로 전달되어 열이 이동하는 전도, 물질이 직접 다른 곳으로 이동하면서 열을 전달하는 대류, 다른 물질의 도움 없이 열이 직접 전달되는 복사가 일어나는 것이에요.

열평형

온도가 다른 두 물체를 접촉시키면 물체의 온도 차이에 의해 한 물체에서 다른 물체로 열이 이동해요. 그럼 열은 언제까지 이동할까요? 또, 열이 이동한 뒤에 물체는 어떻게 변할까요?

열의 이동을 다시 생각하면 이 질문에 쉽게 답할 수 있어요. 온도가 높은 물체에서 온도가 낮은 물체로 열이 이동한다고 했죠? 이때 온도가 높은 물체는 열을 잃어 온도가 낮아지고, 온도가 낮은 물체는 열을 얻어 온도가 높아져요. 그리고 두 물체의 온도 차이가 크면 클수록 이동하는 열량이 많아져요. 만약 두 물체의 온도 차이가 없다면 열의 이동이 멈춘 것처럼 보여요. 하지만 멈춘 것은 아니에요. 이것은 양방향으로 이동하는 열이 균형을 이룬 것을 뜻해요. 이렇게 두 물체의 온도가 같아져 양방향으로 이동하는 열이 균형을 이룬 상태를 **열평형 상태**라고 해요.

 과학 선생님 @Physics

Q. 온도계가 왜 열평형을 이용한 것인가요?

온도 측정의 기본 원리는 열평형이에요. 온도계에 나타난 값은 온도계의 온도 측정 부위와 물체가 열평형을 이루었을 때의 값이에요.

\# 양방향으로   \# 열이이동하여   \# 균형을   \# 이럴!

개념체크

1 두 물체의 (   ) 차이가 클수록 이동하는 열량이 많다.
2 두 물체의 온도가 같아져 양방향으로 이동하는 열이 균형을 이룬 상태는?

답 1. 온도 2. 열평형

열평형 상태와 온도 변화

냉장고에서 막 꺼낸 음료수를 실온에 두면 왜 점점 미지근해질까요? 이것은 열평형으로 설명할 수 있어요. 온도가 다른 두 물체가 접촉해 있으면 열이 이동하여 결국 온도가 같아져 열평형에 이르게 되기 때문이에요.

온도가 다른 두 물체가 존재할 때 온도가 높은 물체와 온도가 낮은 물체를 그래프에 색이 다른 선으로 표현해 보도록 할게요. 온도가 높은 물체는 온도가 낮아지면서 분자 운동이 느려져요. 온도는 언제까지 낮아질까요? 열평형 온도에 이르게 될 때까지에요. 한편, 온도가 낮은 물체는 온도가 높아지면서 분자 운동이 활발해져요. 온도는 언제까지 높아질까요? 역시 열평형 온도에 이르게 될 때까지에요. 결국 온도가 다른 두 물체는 같은 시간에 열평형에 이르게 돼요.

그래프를 통해 열평형 온도는 온도가 높은 물체의 처음 온도와 온도가 낮은 물체의 처음 온도 사이라는 것을 알 수 있어요. 또, 온도가 높은 물체가

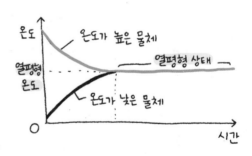

잃은 열량은 온도가 낮은 물체가 얻은 열량과 같아요.

탐구 STAGRAM

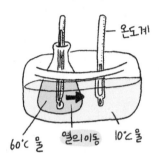

온도가 서로 다른 두 물체가 만나면?

Science Teacher

① 삼각 플라스크에 60 ℃의 물을 넣고 디지털 온도계를 꽂아 고정한다.

② 수조 안에 10 ℃의 물을 넣고 디지털 온도계를 꽂아 고정한다.

③ 60 ℃의 물이 들어 있는 삼각 플라스크를 10 ℃의 물이 들어 있는 수조 안에 두고 2분마다 온도를 측정하여 기록한다.

④ 기록한 온도 변화를 그래프로 표현한다.

온도계

열의이동

60℃ 물   10℃ 물

🎯 좋아요 ♥   #열평형 #온도가높은곳에서 #낮은곳으로 #열의균형

 삼각 플라스크 속의 60 ℃의 물과 수조 속의 10 ℃의 물의 온도는 각각 어떻게 변하나요?

 삼각 플라스크 속의 60 ℃의 물의 온도는 낮아지고, 수조 속의 10 ℃의 물의 온도는 높아져요. 시간이 지나면 온도가 같아져 양방향으로 이동하는 열이 균형을 이루는 열평형 상태가 되어요.

 시간에 따라 두 물속의 입자 운동은 어떻게 변하나요?

 삼각 플라스크 속의 60 ℃의 물 입자는 온도가 낮아지면서 분자 운동이 느려지고, 수조 속의 10 ℃의 물 입자는 온도가 높아지면서 분자 운동이 활발해져요.

 새로운 댓글을 작성해 주세요.   등록

✏️ **이것만은!** • 온도가 다른 두 물체가 접촉해 있으면 열은 온도가 높은 물체에서 온도가 낮은 물체로 이동한다.

• 온도가 다른 두 물체가 접촉해 일정 시간이 지나면 두 물체의 온도가 더는 변하지 않고 일정해지는데, 이 상태를 열평형이라고 한다.

17 비열과 열팽창

비열이란 물질 1 kg의 온도를 1 ℃ 올리는 데 필요한 열량이야!

우리 몸은 70 % 이상이 물로 이루어져 있어요. 이 때문에 외부의 기온 변화에도 일정한 체온을 유지하는 데 효과적이라고 해요. 이것은 물의 어떤 특성 때문일까요?

열량

온도가 서로 다른 두 물체가 접촉했을 때 온도가 높은 물체에서 온도가 낮은 물체로 이동한 열의 양을 **열량**이라고 해요. 두 물체 사이에서 열이 이동할 때, 외부에서 들어오거나 빠져나간 열이 없다면 온도가 높은 물체가 잃은 열량은 온도가 낮은 물체가 얻은 열량과 같아요.

> 온도가 높은 물체가 잃은 열량 = 온도가 낮은 물체가 얻은 열량

열량의 단위로는 cal(칼로리), kcal(킬로칼로리), J(줄)을 사용해요. cal(칼로리)와 J(줄)의 단위는 서로 환산할 수 있고, 1 cal는 약 4.2 J이에요. 따라서 1 J은 0.24 cal가 돼요. 그렇다면 cal(칼로리)란 무엇일까요? 1 cal(칼로리)는 물 1 g의 온도를 1 ℃ 높이는 데 필요한 열량이에요. 따라서 1 kcal(킬로칼로리)는 1000 cal에 해당하고, 1 kcal는 물 1 kg의 온도를 1 ℃ 높이는 데 필요한 열량이에요.

개념체크

1 온도가 다른 두 물체 사이에 이동한 열의 양은?

2 물 1 kg의 온도를 1 ℃ 높이는 데 필요한 열량의 단위는?

답 1. 열량 2. 1 kcal

비열

물은 온도가 천천히 올라가고 천천히 내려가기 때문에 자동차의 냉각수로 이용되거나 가정용 보일러, 찜질팩 등에 이용돼요. 모래는 어떨까요? 표면이 모래로 덮여 있는 사막을 떠올려 볼까요? 낮에는 뜨거운 열을 받아 50 ℃ 이상 온도가 올라가지만, 밤이 되면 온도가 급격하게 떨어져 영하로 내려가기도 해요. 이처럼 모래는 빨리 가열되고 빨리 식어요. 그런데 물은 천천히 가열되는 만큼 천천히 식어요. 이런 성질들은 무엇으로 표현할 수 있을까요?

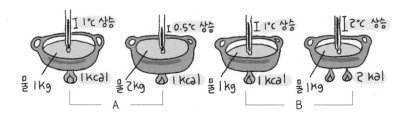

A와 같이 2개의 냄비를 준비하여 한 곳에는 1 kg의 물을, 다른 한 곳에는 2 kg의 물을 담은 상태로 같은 열량을 가한다면 온도 변화는 어떻게 나타날까요? 2 kg의 물을 담은 냄비의 온도 변화가 1 kg의 물을 담은 냄비의 온도 변화보다 작게 나타나요. 이것으로 같은 열량을 가하는 경우 물의 질량이 클수록 온도 변화가 작다는 것을 알 수 있어요.

이번에는 B와 같이 같은 질량의 물을 가열할 때, 한 곳에는 1 kcal, 다른 한 곳에는 2 kcal의 열량을 가한다면 온도 변화가 어떻게 나타날까요? 물에 가한 열량이 클수록 물의 온도 변화가 크게 나타나요. 즉, 온도 변화는 물질의 질량에 반비례하고, 가한 열량에 비례해요.

어떤 물질 1 kg의 온도를 1 ℃ 높이는 데 필요한 열량을 그 물질의 **비열**이라고 해요. 비열의 단위로는 cal/(g·℃), kcal/(kg·℃)를 사용해요.

비열은 물질의 종류에 따라 고유한 값을 가지며, 일반적으로 액체의 비열이 고체보다 커요. 비열이 크다는 것은 에너지를 많이 주어야 온도가 올라간다는 것을 뜻해요. 앞에서 살펴본 물과 모래의 비열이 다른 이유를 알 수 있겠죠? 즉, 물은 모래보다 비열이 크므로 모래보다 물이 데워지는 시간이 오래 걸리고, 식는데도 오래 걸리는 것이에요.

비열

$$비열 = \frac{열량}{질량 \times 온도\ 변화}, \quad C = \frac{Q}{m\triangle t}$$

➡ 열량 = 비열 × 질량 × 온도 변화

열용량

라면을 끓일 때 사람들이 양은 냄비를 사용하는 이유는 무엇일까요? 양은 냄비는 구리, 아연, 니켈 등을 합금하여 만든 냄비예요. 라면을 끓일 때는 면발이 퍼지지 않도록 빨리 끓이는 게 중요하므로, 열을 받았을 때 온도가 쉽게 올라가는 냄비를 사용하는 것이 좋아요. 그래서 양은 냄비처럼 열을 쉽게 전달하는 냄비에 라면을 끓이는 것이에요. 반면에 누룽지를 끓일 때는 돌솥을 이용하는 것이 좋아요. 돌솥은 양은 냄비처럼 쉽게 뜨거워지지는 않지만 한번 달구어지면 그 온도를 오랫동안 유지할 수 있어요. 그래서 뜨거운 돌솥에 들어 있는 누룽지를 오랫동안 따뜻하게 먹기 위해서는 돌솥을 이용하지요.

이렇게 어떤 물체의 온도를 1 ℃ 높이는 데 필요한 열량을 **열용량**이라고 해요. 열용량은 물질의 비열과 질량에 각각 비례하고, 단위는 kcal/℃를 사용해요.

열용량

$$열용량 = \frac{열량}{온도\ 변화} = 비열 \times 질량$$

열용량과 비열, 질량의 관계를 좀 더 자세히 알아볼까요?

비열은 물질의 종류에 따른 고유한 성질이지만, 열용량은 물질의 종류와 질량에 따라 달라져요. 즉, 같은 물질이면 비열이 같아요. 물을 예로 들어 비열과 열용량의 관계를 살펴볼게요.

물의 비열은 질량에 관계없이 항상 1 cal/kg℃예요. 그렇다면 물의 열용량은 어떨까요? 물 1 kg, 2 kg에 각각 같은 열량을 가한다면 질량이 큰 쪽이 천천히 가열돼요. 질량이 클수록 열용량이 크므로 온도 변화가 작기 때문이에요.

이번에는 질량은 같지만 비열이 다른 물과 식용유를 살펴볼까요? 두 물질에 같은 열량을 가한다면, 비열이 큰 물은 식용유에 비해 천천히 가열돼요. 비열이 클수록 열용량이 크므로 온도 변화가 작다는 것을 알 수 있어요.

이와 같이 열용량은 물체를 이루는 물질의 종류에 따라 다르고, 같은 종류의 물질일 경우, 물체의 질량에 비례해요. 다른 물질일 경우에는 질량이 같다면 비열이 클수록 열용량이 크다는 것을 알 수 있어요.

개념체크

1 어떤 물질 1 kg의 온도를 1 ℃ 높이는 데 필요한 열량은?
2 어떤 물체의 온도를 1 ℃ 높이는 데 필요한 열량은?

1. 비열 2. 열용량

열팽창

한여름이면 파리의 에펠탑의 높이가 7.5 cm 정도 늘어난다는 것을 알고 있나요? 전봇대와 연결된 전선을 보면 여름에는 아래로 휘어지고, 겨울에는 팽팽해져 있는 것을 볼 수 있어요. 왜 이런 현상이 일어나는 걸까요? 온도가 높아지면 고체를 이루는 입자들이 더 활발하게 진동하고, 그 결과 입자들 사이의 거리가 멀어져 길이 또는 부피가 증가하기 때문이에요. 이처럼 물체가 열을 받아 온도가 올라가서 물체의 부피가 팽창하는 현상을 **열팽창**이라고 해요.

고체인 금속의 열팽창 현상을 살펴볼까요? 금속 링의 지름이 금속 구보다 큰 경우 금속 구가 금속 링을 통과할 수 있어요. 그러나 금속 구를 가열하여 금속 구의 부피가 금속 링의 지름보다 더 팽창하면 금속 링을 통과하지 못해요. 고체가 팽창하는 정도는 물질에 따라 다르지만 물질의 처음 길이가 길수록, 온도 변화가 클수록 열팽창이 잘 일어나요.

액체는 어떨까요? 액체가 열을 얻어 온도가 올라가면 분자 운동이 활발해지면서 분자 사이의 거리가 멀어져 부피가 팽창해요.

최근 지구 온난화로 지구의 연평균 온도가 계속 상승하고 있죠? 그 결과 해수면이 상승하고 있는데, 이것도 바닷물의 열팽창 현상으로 설명할 수 있어요. 또, 온도 변화에 따라 열팽창하는 정도가 큰 알코올을 이용하여 알코올 온도계를 만들어 사용하기도 해요.

 과학 선생님 @Physics

Q. 기체는 열팽창을 하지 않나요?

기체는 종류에 관계없이 온도가 높아질 때 부피가 팽창하는 정도가 모두 같아요. 일상에서 볼 수 있는 열기구가 기체의 열팽창을 이용한 것이에요.

\# 찌그러진탁구공도   \# 뜨거운물이면   \# OK   \# 탁구공속_공기팽창   \# 중학과학고전

🔧 **개념체크**

1 물체가 열을 받아 온도가 올라갈 때 물체의 부피가 팽창하는 현상은?

2 고체가 팽창하는 정도는 물질의 처음 길이가 (길수록, 짧을수록), 온도 변화가 (클수록, 작을수록) 열팽창이 잘 일어난다.

📋 1. 열팽창 2. 길수록, 클수록

탐구 STAGRAM

질량이 같은 서로 다른 물질의 비열 비교하기

Science Teacher

① 2개의 비커에 같은 온도와 같은 질량의 물과 식용유를 각각 넣는다.

② 비커를 가열 장치 위에 올리고, 디지털 온도계를 고정한다.

③ 비커를 동시에 가열하면서 1분 간격으로 온도를 측정하여 기록한다.

④ 시간에 따른 각 물질의 온도 변화를 그래프로 나타낸다.

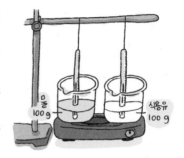

 좋아요 ♥   #비열 #같은질량 #물과식용유 #다른온도변화

 물과 식용유의 온도 변화는 어떻게 나타나나요?

 시간이 지나면 식용유의 온도가 물보다 높아져요. 질량이 같은 물질을 같은 열량으로 가열하더라도 물질의 종류가 다르면 온도가 올라가는 정도가 다르다는 것을 알 수 있어요.

 식용유와 물의 온도가 올라가는 정도가 다른 이유는 무엇인가요?

 물질마다 1 kg의 온도를 1 ℃ 높이는 데 필요한 열량인 비열이 다르기 때문이에요. 비열이 클수록 온도가 잘 변하지 않으므로, 위 실험의 결과, 식용유보다 물의 비열이 더 크다는 것을 알 수 있어요.

새로운 댓글을 작성해 주세요.   등록

 이것만은! • 비열이란 어떤 물질 1 kg의 온도를 1 ℃ 높이는 데 필요한 열량이다.
• 비열이 클수록 온도가 잘 변하지 않는다.

18 등속 운동

등속 운동이란 속력이 일정한 운동을 말해!

에스컬레이터나 무빙워크를 타 본 적이 있나요? 둘 다 속력의 변화가 없이 일정하게 움직여요. 어떻게 속력이 일정하게 움직이는 걸까요?

운동

물체의 모양이 변했거나, 운동의 방향과 빠르기 등의 운동 상태가 변했다면 그 물체에는 힘이 작용한 것이에요. 그리고 물체의 운동은 물체에 작용하는 알짜힘에 따라 달라져요.

 과학 선생님 @Physics

Q. 알짜힘이 무엇인가요?

한 물체에 둘 이상의 힘이 동시에 작용할 때, 이 힘들이 작용한 결과와 같은 효과를 내는 하나의 힘을 힘의 합력이라고 해요. 그리고 물체에 작용하는 모든 힘의 합력을 알짜힘이라고 해요.

모든힘이여_나에게로   # 내가바로   # 알짜배기   # 힘   # 알짜힘

운동이란 무엇일까요? 운동은 시간에 따라 물체의 위치가 변하는 것이에요. 일정한 시간 간격으로 종이테이프에 타점을 찍어 물체의 운동을 기록하는 장치인 시간기록계를 통해 좀 더 자세히 알아볼까요?

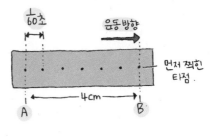

시간기록계가 1초에 60타점을 찍는다면 1타점을 찍는 데 걸리는 시간은 $\frac{1}{60}$초겠죠? 즉, 6타점을 찍는 데 걸리는 시간은 $\frac{1}{60} \times 6 = \frac{1}{10} = 0.1$초 예요. 0.1초 동안 이동한 거리가 4 cm라면 A와 B 사이의 운동은 어떻게 표현할 수 있을까요?

속력은 물체가 운동할 때 단위 시간 동안 이동한 거리로, 물체가 이동한 거리를 걸린 시간으로 나누어 표현해요. 속력의 단위로는 m/s, km/h가 있어요. **평균 속력**은 전체 시간 동안 평균적으로 어느 정도의 속력으로 운동하였는지를 나타내는 것으로, 일정한 시간 동안 이동한 거리를 걸린 시간으로 나눈 값이에요.

속력

$$\text{속력} = \frac{\text{이동 거리}}{\text{걸린 시간}}, \quad \text{평균 속력} = \frac{\text{전체 이동 거리}}{\text{걸린 시간}}$$

따라서 A와 B 사이의 속력은 $\frac{4 \text{ cm}}{0.1 \text{ s}} = 40 \text{ cm/s} = 0.4 \text{ m/s}$로 나타낼 수 있어요.

등속 운동

시간기록계로 기록한 3개의 종이테이프의 타점을 비교해 볼까요?

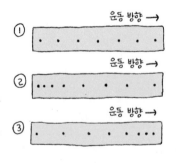

①은 타점 간격이 일정해요. 따라서 속력이 일정한 운동이라는 것을 알 수 있어요. ②는 타점 간격이 좁아지고 있으므로, 속력이 점점 느려지는 운동이에요. ③은 타점 간격이 점점 넓어지므로 속력이 점점 빨라지는 운동임을 알 수 있어요. ①처럼 속력이 일정한 운동을 **등속 운동**이라고 하고, 특

히 속력과 운동 방향이 일정한 운동을 **등속 직선 운동**이라고 해요. 등속 직선 운동을 하기 위해서는 운동 상태를 변하게 하는 힘이 물체에 작용하지 않거나 물체에 작용하는 알짜힘이 0이어야 해요.

🚀 **개념체크**

1 일정한 시간 동안 이동한 거리를 걸린 시간으로 나눈 값은?
2 속력과 운동 방향이 일정한 운동은?

📖 1. 평균 속력 2. 등속 직선 운동

등속 직선 운동의 그래프

토끼와 거북이가 등속 직선 운동으로 달리기를 했다고 가정해 볼게요. 거북이는 1초에 0.2 m를 이동할 수 있고, 토끼는 1초에 0.8 m를 이동할 수 있어요. 10초 동안 토끼와 거북이는 얼마나 이동했을까요? 거북이는 2 m를, 토끼는 8 m를 이동했어요.

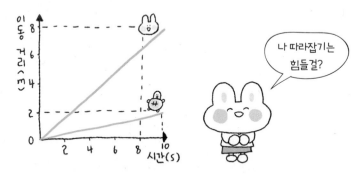

이것을 시간–이동 거리 그래프로 나타내 볼까요? 등속 직선 운동하는 물체의 이동 거리는 시간에 비례하여 증가하므로 시간에 따른 이동 거리 그래프는 기울어진 직선 모양이에요. 기울기는 무엇을 의미할까요?

기울기 $= \dfrac{\text{이동 거리}}{\text{걸린 시간}}$이므로, 기울기는 물체의 속력을 의미해요. 따라서 기울기가 크면 속력이 빠르고, 기울기가 작으면 속력이 느린 것을 알 수 있어요. 그래프의 기울기를 계산하면 토끼는 0.8 m/s, 거북이는 0.2 m/s로 속력이 일정한 등속 운동을 하고 있음을 알 수 있어요.

시간-속력 그래프로 나타내 볼까요? 등속 직선 운동하는 물체의 속력은 항상 일정하므로 시간에 따른 속력 그래프는 시간 축에 나란한 직선 모양이에요. 그래프 아래의 넓이는 무엇을 의미할까요?

$$\text{넓이} = \text{시간} \times \text{속력} = \text{시간} \times \dfrac{\text{이동 거리}}{\text{시간}} = \text{이동 거리}$$

즉, 넓이는 물체의 이동 거리예요. 그래프 아래의 넓이가 넓을수록 물체의 이동 거리가 큰 것을 알 수 있어요. 그래프를 보면 토끼의 이동 거리가 거북이의 이동 거리보다 크다는 것을 알 수 있어요.

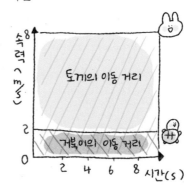

관성

등속 직선 운동을 하기 위해서는 운동 상태를 변하게 하는 힘이 물체에 작용하지 않거나 물체에 작용하는 알짜힘이 0이어야 해요. 즉, 물체에 힘이 작용하지 않으면 운동하던 물체는 계속 등속 직선 운동을 해요. 이처럼 물체가 원래의 운동 상태를 유지하려는 성질을 관성이라고 해요.

멈춰 있던 버스가 갑자기 출발할 때 우리 몸이 뒤로 쏠리는 것을 경험해 봤을 거예요. 정지해 있던 몸은 계속 정지하려고 하는데 버스가 갑자기 출발하므로 몸이 상대적으로 버스 뒤로 쏠리는 것이에요.

빨랫줄에 널어놓은 이불을 막대로 두드리면 먼지가 떨어지는 것 역시 정지 상태를 계속 유지하려는 관성 때문이에요. 달리던 버스가 갑자기 멈출 때는 어떤가요? 우리 몸이 계속 운동하기 위해 앞으로 쏠리는 것을 느꼈을 거예요. 100 m 달리기 선수를 보면 결승선을 통과한 후에도 바로 정지하지 못하고 어느 정도 달리는 것을 볼 수 있는데, 이것도 관성에 의한 현상이에요.

마찰이 없는 빗면에서 공을 굴리는 경우를 생각해 볼까요? 빗면의 O 지점에서 내려간 공은 처음과 같은 높이인 A 지점에 도달할 때까지 올라가요. 맞은편 빗면을 완만하게 하면 공은 같은 높이인 B 지점까지 올라가기 위해 더 멀리 운동하죠. 맞은편 빗면이 지면과 나란하다면 공은 영원히 운동하게 될 거예요.

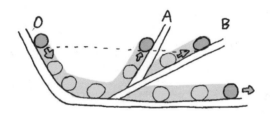

 과학 선생님 @Physics

Q. 관성과 물체의 질량은 어떤 관계가 있나요?

짐을 많이 실은 트럭은 빈 트럭보다 출발하거나 정지하기가 어렵죠? 이처럼 물체의 질량이 클수록 관성이 커요.

\# 어쩐지   \# 나는   \# 버스만타면   \# 휘청휘청

📌 **개념체크**

1 시간-이동 거리 그래프에서 기울기가 의미하는 것은?

2 물체가 원래의 운동 상태를 계속 유지하려는 성질은?

📋 1. 물체의 속력 2. 관성

19 자유 낙하 운동

낙하하는 공은 속력이 일정하게 증가해!

내리막길을 내려갈 때는 속력이 점점 빨라지고, 오르막길을 올라갈 때는 속력이 점점 느려져요 이렇게 속력이 변하는 운동은 어떻게 나타낼 수 있을까요?

속력이 일정하게 변하는 운동

물체에 작용하는 힘이 없거나 물체에 작용하는 알짜힘이 0일 때 물체는 정지해 있거나 등속 직선 운동을 해요. 그렇다면 알짜힘이 0이 아닐 때는 어떤 운동을 할까요? 알짜힘의 방향이 물체의 운동 방향과 같을 때를 생각해 볼까요? 힘이 운동 방향으로 계속 작용한다면, 물체의 속력이 증가하게 될 거예요. 반대로 알짜힘의 방향이 물체의 운동 방향과 반대라면 물체의 속력은 감소해요.

또, 물체의 운동 방향과 나란한 방향으로 일정한 힘이 작용하면 속력이 일정하게 변해요. 물체의 처음 속력이 10 m/s이고, 속력이 일정하게 증가하여 나중 속력이 30 m/s가 된 물체가 있다고 가정해 볼까요? 물체의 평균 속력은 $\dfrac{10 \text{ m/s} + 30 \text{ m/s}}{2}$ = 20 m/s으로 구할 수 있어요. 즉, 속력이 일정하게 변하는 물체의 평균 속력은 처음 속력과 나중 속력의 중간 값과 같아요.

> **속력이 일정하게 변하는 물체의 평균 속력**
>
> $$평균 \ 속력 = \dfrac{처음 \ 속력 + 나중 \ 속력}{2}$$

이처럼 속력이 일정하게 증가하거나 감소하는 물체의 경우, 평균 속력은 시간-속력 그래프의 중간 지점의 속력과 같아요.

낙하하는 공을 생각해 볼까요? 공에 작용하고 있는 힘은 지구 중심 방향으로 작용하는 중력이에요. 이처럼 물체에 적용하는 알짜힘의 방향과 물체의 운동 방향이 같기 때문에 공이 낙하하는 동안 속력은 일정하게 증가해요. 이것을 시간-이동 거리 그래프로 나타내면 시간이 지날수록 기울기가 증가하는 것을 알 수 있어요. 또, 시간-속력 그래프로 나타내 보면, 속력이 일정하게 증가하는 그래프예요.

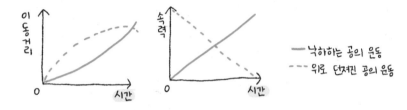

이번에는 위로 던져진 공을 생각해 볼까요? 공에 작용하는 힘은 지구 중심 방향인 중력으로 공의 운동 방향과 반대이기 때문에 올라가는 동안 속력이 일정하게 감소해요. 이때 물체에 작용하는 알짜힘의 방향은 물체의 운동 방향과 반대 방향이에요. 이를 시간-이동 거리 그래프로 나타내면 시간이 지날수록 기울기가 감소하는 것을 알 수 있어요. 기울기는 속력을 의미하므로, 시간-속력 그래프로 나타내면 속력이 일정하게 감소하는 것을 알 수 있어요. 시간-속력 그래프에서 그래프 아래의 넓이는 물체가 이동한 거리를 의미해요.

힘과 질량에 따른 속력의 변화

한 물체를 1 N의 힘으로 밀 때와 2 N의 힘으로 밀 때, 물체의 속력은 어떤 것이 더 클까요? 2 N의 힘으로 밀 때 더 크겠죠? 이처럼 속력의 변화는 힘의 크기에 비례해요. 질량이 다른 두 물체를 같은 힘으로 각각 밀 때는 어떤 물체의 속력이 더 크게 변할까요? 물체의 질량이 작을수록 속력은 더 크게 변해요. 즉, 속력 변화는 질량에 반비례해요.

속력이 일정하게 변하는 물체의 평균 속력

$$속력\ 변화 \propto \frac{힘의\ 크기}{질량}, \quad 힘(F) = 질량(m) \times 가속도(a)$$

일정 시간 동안 속력의 변화를 가속도라고 하고, 가속도는 물체에 작용하는 힘이 클수록, 물체의 질량이 작을수록 커져요.

자유 낙하 운동

정지한 물체가 중력만 받았을 때 나타나는 낙하 운동을 **자유 낙하 운동**이라고 해요. 그리고 물체에 작용하는 중력의 크기(F)는 물체의 질량(m)과 중력에 의한 가속도(g)를 곱한 만큼이에요.

중력과 중력 가속도

$$F = mg \ (g = 9.8 \ \text{m/s}^2)$$

지상에서 중력을 받아 운동하는 물체는 질량에 관계없이 일정 시간 동안 속력이 일정하게 변하는데, 이것을 중력 가속도(g = 9.8m/s²)라고 해요. 지상에서 질량이 1 kg인 물체는 9.8 N의 중력을 받는데, 이때 9.8이라는 값은 지구의 중력 가속도를 뜻하지요. 그리고 앞에서도 배웠듯이 중력의 크기는 무게이므로, 무게는 질량에 중력 가속도를 곱하여 구할 수 있어요.

개념체크

1 속력의 변화는 물체에 작용하는 힘의 크기에 (비례, 반비례)하고, 물체에 질량에 (비례, 반비례)한다.
2 중력만 받는 물체의 운동은?

📋 1. 비례, 반비례 2. 자유 낙하 운동

탐구 STAGRAM

자유 낙하 운동에서
질량이 다른 여러 가지 물체의 시간과 속력 변화

Science Teacher

① 스타이로폼 구슬과 유리 구슬을 준비하고, 벽에 거리를 측정할 수 있는 자를 부착한다.

② 디지털카메라나 스마트폰을 이용하여 낙하하는 물체를 촬영할 수 있도록 준비한다.

③ 스타이로폼 구슬과 유리 구슬을 차례로 낙하시키고 물체를 0.1초 간격으로 촬영한다.

④ 시간에 따른 속력 변화를 그래프로 나타낸다.

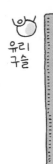

스타이로폼 구슬   유리 구슬

⌖ 좋아요 ♥   #자유낙하운동 #중력가속도 #질량이다른물체 #속력계산

··

  낙하하는 물체의 속력은 어떻게 변하나요?

  일정하게 증가해요. 낙하하는 물체의 경우 운동 방향으로 중력이 계속 작용하므로 시간에 따라 물체의 속력이 일정하게 증가하는 것이에요. 따라서 낙하하는 물체의 시간-속력 그래프는 원점을 지나는 직선 모양이에요.

  스타이로폼 구슬과 유리 구슬 중 어느 것이 먼저 낙하하나요?

  자유 낙하 운동에서 물체의 속력 변화는 낙하하는 물체의 질량에 상관없이 일정한 중력 가속도로 운동해요. 따라서 같은 속력으로 낙하해요.

  새로운 댓글을 작성해 주세요.   등록

✎ **이것만은!** • 자유 낙하 운동에서 낙하하는 물체의 속력은 시간에 따라 일정하게 증가해요.
  • 낙하하는 물체는 질량에 상관없이 일정한 중력 가속도로 운동해요.

20 운동 에너지

운동하는 물체는 운동 에너지를 가지고 있어!

대부분의 운동은 속력이 변하는 운동이에요. 앞에서 공부했던 자유 낙하 운동도 속력이 변하는 운동이에요. 그렇다면 이러한 운동과 에너지는 어떤 관련이 있는 걸까요?

일

일상생활에서 흔히 사용하는 일은 육체적인 활동뿐만 아니라 정신적인 활동도 포함해요. 그렇다면 과학에서의 일은 어떻게 정의할 수 있을까요? 도서관에서 책을 읽거나 의자에 앉아 음악을 듣는 것은 과학에서 말하는 일이 아니에요.

과학에서의 일은 물체에 힘을 가하여 물체를 힘의 방향으로 이동시키는 것을 말해요. 즉, 상자를 밀어서 옮기거나 상자를 들어올리는 것 등이 일에 해당돼요. 따라서 물체에 작용한 힘이 0이거나, 힘의 방향으로 이동한 거리가 0인 경우에 과학에서의 일은 0이에요. 힘의 방향과 물체의 이동 방향이 수직인 경우 역시 일은 0이에요.

> **일의 양**
>
> $$일 = 힘 × 힘의 방향으로 이동한 거리$$
> $$W = F × s$$

물체에 작용한 힘의 크기와 물체가 힘의 방향으로 이동한 거리의 곱으로 일의 양을 구할 수 있어요. 이동 거리가 같은 경우, 물체에 작용한 힘이 클수록 일이 많고, 물체에 작용한 힘이 같은 경우 물체의 이동 거리가 길수록 한 일이 많아요.

과학 선생님 @Physics

Q. 물체를 들어올리는 것과 물체를 들고 수평 방향으로 걸어가는 것은 다른 운동인가요?

네. 물체를 들어올리는 것은 중력에 의한 일이에요. 하지만 물체를 들고 수평 방향으로 이동하는 것은 힘은 위로 작용했지만, 물체의 이동 방향이 힘의 방향과 수직인 경우에 해당되어 과학에서의 일에 해당하지 않아요.

물체의_이동방향과   # 힘의_방향이   # 같아야   # 일했다   # 할수있지

일의 단위는 J(줄)을 사용해요. 1 J은 1 N의 힘을 가하여 물체를 힘의 방향으로 1 m 이동시켰을 때 한 일의 양을 말해요. 따라서 1 J = 1 N·m 이에요.

힘-이동 거리 그래프를 살펴볼까요? 그래프 아랫부분의 넓이는 힘과 이동 거리의 곱이에요. 따라서 그래프 아랫부분의 넓이는 힘이 한 일의 양을 나타내요. 힘의 크기가 변한다면 힘의 크기가 다른 각 부분의 넓이의 합으로 일의 양을 구할 수 있어요.

그래프에서 넓이는 힘이 한 일의 양이야!

일과 에너지

바람개비는 바람을 불면 돌아가고, 물레방아는 흐르는 물에 의해 돌아가요. 이처럼 일을 할 수 있는 능력을 에너지라고 해요. 일과 에너지는 어떤 관련이 있을까요?

쇼트트랙 경기를 본 적이 있나요? 트랙을 먼저 돌고 온 선수가 다음 선수를 밀어주면 에너지가 증가하여 속력이 빨라져요. 이와 같이 어떤 물체에 일을 해 주면 물체가 가진 에너지는 증가해요. 예를 들면, 활시위를 당기는 것도 활에 일을 해 주는 거에요. 이것은 활에 에너지가 저장되어 활이 앞으로 나가는 운동을 하는 거예요. 이와 같이 물체가 외부에 일을 하면 물체가 가진 에너지는 감소해요. 이렇게 일은 에너지로, 에너지는 일로 전환될 수 있어요.

에너지를 가진 물체가 할 수 있는 일의 양을 측정하면 에너지를 구할 수 있어요. 그래서 에너지는 일의 단위와 같은 J(줄)을 사용해요.

운동 에너지

수평면에서 물체가 일정한 속력으로 계속 운동하려면 물체에 마찰력과 같은 크기의 힘이 마찰력과 반대 방향으로 계속 작용해야 해요. 물체를 수평 방향으로 당기거나 미는 것은 마찰력에 대해 일을 하는 거예요.

앞에서 물체에 작용한 힘의 크기와 물체가 힘의 방향으로 이동한 거리를 곱하면 일의 양을 구할 수 있다고 했죠? 그런데 물체에 작용하는 힘의 크기는 물체가 받는 마찰력의 크기와 같아요. 따라서 일의 양은 물체가 받는 마찰력의 크기와 수평 방향으로 이동한 거리의 곱으로 구할 수 있어요.

마찰력에 대해 한 일

일의 양 = 물체가 받는 마찰력의 크기 × 수평 방향으로 이동한 거리

운동하는 물체가 지닌 에너지를 **운동 에너지**라고 해요. 수레에 운동 방향으로 힘을 가하여 일을 하면 수레에 한 일의 양만큼 수레의 운동 에너지가 증가해요. 운동하는 수레가 나무 도막에 충돌하면 어떻게 될

까요? 수레의 운동 에너지가 나무 도막을 미는 일을 하게 돼요. 이때 물체가 한 일의 양만큼 물체의 운동 에너지는 감소하지요. 나무 도막의 이동 거리는 수레의 질량이 클수록, 속력이 빠를수록 길어져요. 즉, 운동 에너지는 속력이 일정할 때에는 물체의 질량에 비례하고, 물체의 질량이 일정할 때에는 물체의 속력의 제곱에 비례해요.

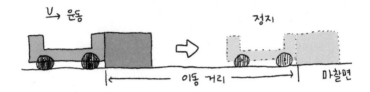

운동 에너지 크기

$$운동 에너지(E_k) = \frac{1}{2} \times 질량 \times (속력)^2 = \frac{1}{2}mv^2$$

운동 에너지와 질량, 속력의 제곱은 그래프로 어떻게 나타낼 수 있나요? 운동 에너지는 물체의 질량과 물체의 속력의 제곱에 각각 비례하므로 아래와 같은 비례 그래프로 나타내요.

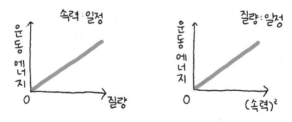

🏃 **개념체크**

1 일 = ( ) × 힘의 방향으로 이동한 ( )
2 일을 할 수 있는 능력은? 또, 그 단위는?
3 운동하는 물체가 지닌 에너지는?

📖 1. 힘, 거리 2. 에너지, J(줄) 3. 운동 에너지

탐구 STAGRAM

① 수레의 질량을 측정한 후, 2개의 수
레에 각각 추를 올려 질량이 다른 3
개의 수레를 준비한다.

② 자를 이용하여 세 수레를 동시에 밀
어 나무 도막에 충돌시킨 후, 나무
도막이 밀려난 거리를 측정한다.

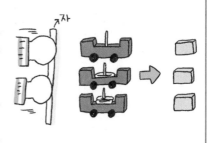

③ 하나의 수레를 밀어 나무 도막에 충
돌시킨 후, 수레의 속력과 나무 도
막이 밀려난 거리를 측정한다.

④ 수레의 속력을 변화시키며 나무 도
막이 밀려난 거리를 측정한다.

좋아요 ❤   # 운동 에너지   # 질량에비례   # 속력의제곱에비례

 수레의 질량과 나무 도막의 이동 거리, 수레의 속력과 나무 도막의 이동 거리는
각각 어떤 관계가 있나요?

 수레의 질량이 클수록 나무 도막의 이동 거리가 커져요. 또, 물체의
운동 에너지는 물체의 질량에 비례하므로 수레의 질량이 클수록 나
무 도막의 이동거리도 커져요.

 자를 이용하여 한꺼번에 수레를 미는 이유는 무엇인가요?

 3개의 수레를 동일한 힘으로 밀었을 때의 결과를 보기 위해서예요.

 새로운 댓글을 작성해 주세요.   등록

이것만은! • 수레의 운동 에너지가 나무 도막이 밀려 나는 일로 전환된다.
• 물체의 운동 에너지는 물체의 질량에 비례한다.
• 물체의 운동 에너지는 물체의 속력의 제곱에 비례한다.

21 위치 에너지

위치 에너지란 높은 곳에 있는 물체가 가지는 에너지야!

일과 에너지는 전환되기 때문에 물체에 일을 해 주면 물체의 에너지가 증가해요. 물체를 들어올리는 일을 했다면, 겉으로 보기에는 단순히 물체의 높이만 증가한 것 같은데 어떤 에너지가 증가한 것일까요?

중력에 대해 한 일

어떤 물체에 물체의 무게와 같은 힘이 작용한다면 그 물체는 정지해 있거나 등속 직선 운동을 해요. 물체의 무게보다 더 큰 힘이 물체에 작용하면 어떨까요? 물체의 속력이 점점 증가하는 운동을 하게 되겠죠. 즉, 물체를 일정한 속력으로 들어올리려면 중력과 크기가 같고 방향이 반대인 힘이 물체에 계속 작용해야 해요. 물체를 들어올리는 것은 중력에 대하여 일을 한 것이기 때문이에요.

물체에 작용한 힘의 크기와 물체가 힘의 방향으로 이동한 거리를 곱하면 일의 양을 구할 수 있다고 배웠죠? 물체에 작용한 힘의 크기는 물체의 무게를 이기고 들어올린 힘과 같아요. 따라서 일의 양은 물체의 무게와 들어올린 높이의 곱으로 구할 수 있어요.

만약 질량이 10 kg인 물체를 1 m 들어올렸다면, 이때 한 일의 양은 얼마일까요? 먼저 10 kg인 물체의 무게는 질량에 중력 가속도를 곱한 값이므로, 10 kg × 9.8 = 98 J이에요. 그리고 1 m 들어올렸으므로 무게와 들어올린 높이를 곱하면 돼요. 즉, 98 N(10 kg × 9.8) × 1 m = 98 J이에요. 물체를 들어올릴 때 한 일의 양은 물체의 무게가 무거울수록, 들어올린 높이가 높을수록 커진다는 것을 알 수 있겠죠?

중력에 의한 위치 에너지

높은 곳에 있는 물체는 **위치 에너지**를 가져요. 이것은 중력 때문에 생기는 에너지이므로 **중력에 의한 위치 에너지**라고 해요. 따라서 물체를 들어올리는 일을 하면 물체의 중력에 의한 위치 에너지가 증가하고, 물체가 떨어지면, 떨어지면서 한 일의 양만큼 물체의 중력에 의한 위치 에너지가 감소해요. 이렇게 중력에 의한 위치 에너지와 일은 서로 전환될 수 있어요. 즉, 중력에 의한 일의 양을 통해 중력에 의한 위치 에너지를 구할 수 있어요.

질량이 m(kg)인 물체가 기준면으로부터 높이 h(m)인 곳에 있다고 가정해 볼까요? 높이 h에서 물체가 가지는 중력에 의한 위치 에너지는 물체를 기준면에서 높이 h까지 들어올리는 데 한 일의 양과 같아요. 또, 높이 h에서 물체가 가지는 중력에 의한 위치 에너지는 높이 h에 있던 물체가 기준면까지 낙하하면서 잃는 일의 양과도 같아요. 따라서 질량이 m인 물체가 기준면으로부터 높이 h인 곳에 있을 때 가지는 중력에 의한 위치 에너지는 $9.8mh$로 구할 수 있어요.

중력에 의한 위치 에너지는 mgh야!

과학 선생님 @Physics

Q. 우리 생활에서 중력에 의한 위치 에너지를 이용한 것에는 무엇이 있나요?

중력에 의한 위치 에너지를 이용한 예로는 널뛰기, 수력 발전소, 스카이다이빙 등이 있어요. 모두 기준면으로부터 일정 높이에 있는 물체가 가지고 있는 위치 에너지를 활용한 것이에요.

위아래로   # 뛸때마다   # 위치에너지를   # 쓰고있는거지

중력에 의한 위치 에너지의 크기

중력에 의한 위치 에너지와 질량 및 높이와의 관계는 어떻게 나타낼까요?

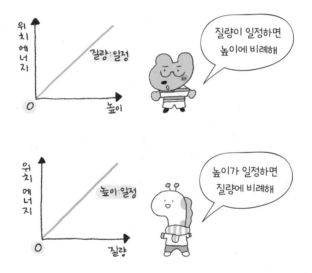

물체의 질량이 일정할 때, 중력에 의한 위치 에너지는 물체의 높이에 비례해요. 따라서 물체의 높이를 어떻게 측정하느냐에 따라 그 값이 달라져요. 이 때문에 위치 에너지의 크기를 측정할 때에는 기준면이 중요해요. 기준면이 달라지면 물체의 높이가 달라지므로 물체가 가지는 중력에 의한 위치 에너지도 달라지기 때문이에요. 높이는 보통 지면을 기준면으로 하지만 기준면을 다르게 선정할 경우, 반드시 기준면으로부터의 높이를 측정해 주어야 해요.

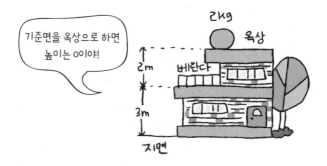

한편, 물체의 높이가 일정할 때, 중력에 의한 위치 에너지는 물체의 질량에 비례해요.

질량이 2 kg인 물체가 지면으로부터 5 m 높이의 옥상에 있다고 가정해 볼까요? 기준면을 지면으로 둔다면 물체의 높이는 5 m(2 m+3 m)가 되므로, 중력에 의한 위치 에너지는 9.8 N×2 kg×5 m = 98 J이 돼요.

기준면을 베란다로 두면 어떻게 될까요? 물체의 높이는 2 m가 되므로, 중력에 의한 위치 에너지는 9.8 N×2 kg×2 m = 39.2 J이 돼요. 이번에는 기준면을 옥상으로 해 볼까요? 옥상은 기준면으로부터의 높이가 0이므로 중력에 의한 위치 에너지는 0 J이 되어요.

개념체크

1 높은 곳에 있는 물체가 가지는 에너지는?

2 위치 에너지 = 9.8 × 질량 × (   )

3 질량이 3 kg인 물체가 지면으로부터 4 m 높이에 있다고 할 때 중력에 의한 위치 에너지의 크기는?

답 1. 중력에 의한 위치 에너지 2. 기준면으로부터 높이 3. 117.6 J

탐구 STAGRAM

실험을 통해 중력에 의한 위치 에너지 측정해 보기

Science Teacher

① 스탠드에 자를 고정하고, 위치 에너지 실험 장치를 설치한다.
② 일정한 높이에서 질량이 다른 3개의 추를 떨어뜨리면서 금속 막대의 이동 거리를 측정한다.
③ 하나의 추를 높이가 다르게 떨어뜨리면서 금속 막대의 이동 거리를 측정한다.
④ 질량에 따른 금속 막대의 이동 거리, 추의 높이 변화에 따른 금속 막대의 이동 거리를 그래프로 나타낸다.

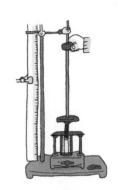

🎯 좋아요 ♥   # 중력에의한위치에너지 # 기준면으로부터의높이 # 질량 # 9.8mh

··

 위 실험은 어떤 원리를 이용하여 위치 에너지를 측정하는 것인가요?

 추의 중력에 의한 위치 에너지는 금속 막대를 미는 일로 전환돼요. 금속 막대가 받는 마찰력이 일정하다면 금속 막대의 이동 거리를 측정하여 위치 에너지의 크기를 비교할 수 있어요.

 위 실험 결과, 중력에 의한 위치 에너지와 물체의 질량, 물체의 높이는 어떤 관계가 있나요?

 추의 질량이 클수록, 추를 떨어뜨리는 높이가 높을수록 금속 막대의 이동 거리도 커져요. 물체의 위치 에너지는 물체의 질량에 비례하고, 물체의 높이에 비례하는 것을 알 수 있어요.

 새로운 댓글을 작성해 주세요.   등록

 이것만은! • 추의 위치 에너지가 금속 막대가 밀려 나는 일로 전환된다.
• 물체의 위치 에너지는 물체의 질량에 비례한다.
• 물체의 위치 에너지는 물체의 높이에 비례한다.

22 역학적 에너지 전환과 보존

물체의 역학적 에너지는 저항과 마찰이 없다면 일정하게 보존돼!

롤러코스터에는 별도의 동력 장치가 없다는 것을 알고 있나요? 동력 장치가 없는 롤러코스터는 어떻게 움직이는 걸까요?

역학적 에너지

앞에서 배웠듯이 운동하는 물체가 지닌 에너지를 운동 에너지(E_k)라고 해요. 속력이 일정할 때 운동 에너지는 물체의 질량에 비례해요. 물체의 질량이 일정하다면 운동 에너지는 물체의 속력의 제곱에 비례해요. 이러한 운동 에너지(E_k)는 $E_k = \dfrac{1}{2}mv^2$으로 구할 수 있어요.

한편, 높은 곳에 있는 물체가 지닌 에너지인 위치 에너지(E_p)는 $E_p = 9.8mh$로 구할 수 있어요. 그리고 물체가 지닌 운동 에너지와 위치 에너지의 합을 역학적 에너지라고 해요.

역학적 에너지(E)

역학적 에너지 = 운동 에너지(E_k) + 위치 에너지(E_p)

$$= \dfrac{1}{2}mv^2 + 9.8mh$$

개념체크

1 물체가 가진 위치 에너지와 운동 에너지의 합은?

2 운동 에너지와 위치 에너지를 구하는 식은?

답 **1. 역학적 에너지** 2. $E_k = \dfrac{1}{2}mv^2$, $E_p = 9.8mh$

역학적 에너지 전환

역학적 에너지는 물체가 가진 운동 에너지와 위치 에너지의 합이에 요. 운동 에너지를 결정하는 것은 물체의 질량과 물질의 속력이고, 위치 에너지를 결정하는 것은 물체의 질량과 기준면에서의 높이예요. 따라서 물체의 높이가 달라지면 위치 에너지의 값이 변하고, 물체의 속력이 달라지면 물체의 운동 에너지가 달라져요.

물체의 높이와 속력이 변하는 롤로코스터를 통해 역학적 에너지를 자세히 살펴볼까요?

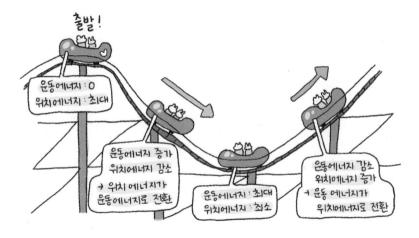

롤러코스터가 출발하기 직전, 멈춰 있는 롤러코스터의 운동 에너지 는 0이에요. 이때 롤러코스터는 가장 높은 위치에 있으므로 위치 에너지는 최대예요. 멈춰 있던 롤러코스터가 움직이기 시작하면 운동 에너지가 증가해요. 반면에 롤러코스터의 기준면에서의 높이는 낮아지므로 위치 에너지는 감소해요. 이것은 처음 높은 곳에서 출발할 때 가지는 위치 에너지가 내려가면서 운동 에너지로 전환된 것이에요. 이와 같이 물체의 높이와 속력이 변하는 운동에서는 위치 에너지와 운동 에너지가 서로 전환돼요.

역학적 에너지 보존

물체의 높이와 속력이 변하는 운동에서 위치 에너지와 운동 에너지는 서로 전환된다고 했죠? 따라서 운동하고 있는 물체의 역학적 에너지는 공기 저항이나 마찰이 없다면 일정하게 보존되는 것을 알 수 있어요.

낙하하는 물체의 운동을 통해 역학적 에너지 보존 법칙을 알아볼게요.

중력을 받아 물체가 떨어지는 동안에는 위치 에너지가 감소하면서 운동 에너지가 증가해요.

감소한 위치 에너지를 구해 볼까요? 기준면에서 높이 h_1에서의 위치 에너지는 $E_{p1} = 9.8mh_1$이고 기준면에서 높이 h_2에서의 위치 에너지는 $E_{p2} = 9.8mh_2$이므로, 감소한 위치 에너지는 $9.8mh_1 - 9.8mh_2$가 되겠죠?

증가한 운동 에너지를 구해 볼까요?

기준면에서 높이 h_1에서의 운동 에너지는 $E_{k1} = \frac{1}{2} mv_1{}^2$이고 기준면에서 높이 h_2에서의 운동 에너지는 $E_{k2} = \frac{1}{2} mv_2{}^2$이므로, 증가한 운동 에너지는 $\frac{1}{2} mv_2{}^2 - \frac{1}{2} mv_1{}^2$이에요.

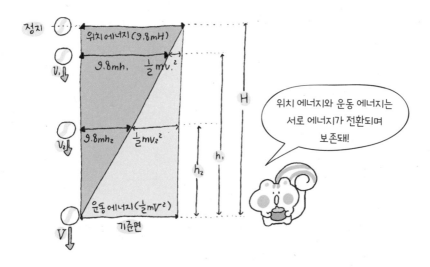

위치 에너지와 운동 에너지는 서로 에너지가 전환되며 보존돼!

감소한 위치 에너지 = 증가한 운동 에너지

$$9.8mh_1 - 9.8mh_2 = \frac{1}{2}mv_2^2 - \frac{1}{2}mv_1^2$$

$$\Rightarrow 9.8mh_1 + \frac{1}{2}mv_1^2 = 9.8mh_2 + \frac{1}{2}mv_2^2$$

각 위치에서 역학적 에너지는 일정해요. 마찰이나 공기 저항이 없다면 감소한 위치 에너지만큼 운동 에너지가 증가한 것이에요.

낙하하던 물체가 높이 H에서 정지해 있을 때를 살펴볼까요? 정지해 있으므로 운동 에너지는 0이겠죠? 이때 위치 에너지는 $9.8mH$에요. 이것은 기준면에서 높이 H에서의 역학적 에너지와 같아요. 낙하하는 물체가 바닥에 닿기 직전을 살펴볼까요? 위치 에너지가 0이고, 운동 에너지는 $\frac{1}{2}mV^2$이므로 역학적 에너지와 운동 에너지는 같은 값을 가져요.

역학적 에너지 보존

$$9.8mH = 9.8mh_1 + \frac{1}{2}mv_1^2 = 9.8mh_2 + \frac{1}{2}mv_2^2 = \frac{1}{2}mV^2 = 일정$$

 과학 선생님 @Physics

Q. 역학적 에너지는 언제나 보존되는 건가요?

역학적 에너지는 마찰이나 공기 저항이 없다면 언제나 일정하게 보존돼요. 마찰과 공기 저항이 있을 때에도 역학적 에너지가 다른 형태의 에너지로 전환될 뿐 전체 에너지의 총량은 항상 일정하게 보존돼요.

에너지는_언제나   # 보존   # 마찰력과저항만   # 없다면   # 인간관계랑_비슷하네

개념체크

1 역학적 에너지 = 운동 에너지 + (   )

답 1. 위치 에너지

23 전기 에너지

전기 에너지란 전류가 공급한 에너지야!

일상생활에서 흔히 볼 수 있는 전기 기구에는 어떤 것들이 있나요? 우리가 자주 쓰는 헤어드라이어를 비롯하여 텔레비전, 전등, 선풍기 등 다양하지요. 이런 전기 기구는 어떤 에너지를 사용하는 것일까요?

전류의 열작용

헤어드라이어로 머리를 말릴 때 너무 오래 사용하면 헤어드라이어가 뜨거워져요. 이처럼 전기 기구를 오래 사용하면 기구에서 뜨거운 열이 발생하는데, 이런 열은 왜 발생하는 것일까요?

도선에 전류가 흐를 때, 실제로 이동하는 것은 (−)전하를 띠는 전자예요. 이런 전하의 흐름을 전류라고 하고, 전류의 흐름을 방해하는 정도를 저항이라고 해요. 도선 속을 운동하던 전자가 원자와 충돌하기 때문에 열이 발생하는 것이에요. 이처럼 저항에 전류가 흐를 때 열이 발생하는 현상을 **전류의 열작용**이라고 해요. 전기밥솥, 전기난로 등이 이러한 원리를 이용하여 발명된 것이에요.

전류의 열작용 때문에 발생한 열의 양을 **발열량(Q)**이라고 하고, 발열량은 열량계를 사용하여 측정할 수 있어요. 보통 발열량의 단위는 kcal를 사용하는데, 1 kcal = 4200 J에 해당해요.

발열량은 전원에서 공급된 전기 에너지가 열에너지로 전환된 것이므로 발열량과 전기 에너지는 비례해요. 발열량을 통해 전기 에너지를 좀 더 자세히 알아볼까요?

전기 에너지

니크롬선이 들어 있는 열량계를 전원 장치에 연결하여 열량계 속 물의 온도 변화를 측정하면 발열량을 측정할 수 있어요. 먼저 물이 담긴 열량계에 니크롬선을 담그고 전류를 보내면 니크롬선에 열이 발생하고, 발생한 열은 모두 물의 온도를 높이는 데 사용돼요. 물의 온도는 니크롬선에서 발생한 열의 양에 비례하여 올라가요. 이때 니크롬선에서 발생한 열량은 물이 흡수한 열량과 같고, 물이 얻은 열량을 통해 전류가 공급한 전기 에너지의 양을 측정할 수 있어요.

전압과 전류의 세기가 일정할 때 시간과 발열량의 관계를 살펴볼까요? 발열량은 전류가 흐른 시간에 비례해요. 또, 전류와 시간이 일정할 때 발열량은 전압에 비례하고, 전압과 시간이 일정할 때 발열량은 전류에 비례해요. 전압을 변화시키면서 발열량을 살펴보면, 발열량은 전압×전류에 비례해요. 따라서 발열량은 전압, 전류, 시간의 곱에 비례하는 것을 알 수 있어요.

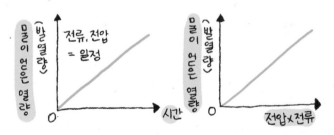

발열량

발열량 ∝ 전압 × 전류 × 시간

발열량을 통해 전류가 공급하는 에너지의 양을 측정할 수 있는데, 이때의 에너지를 전기 에너지라고 해요. 발열량은 전기 에너지에 비례하므로 전기 에너지(E)는 전압(V), 전류(I), 전류가 흐른 시간(t)의 곱으로

구할 수 있어요. 단위는 에너지의 단위인 J(줄)을 사용해요. 1 J은 어떤 전기 기구에 1 V의 전압을 걸어 1 A의 전류를 1초 동안 흐르게 할 때 공급된 전기 에너지를 말해요.

전기 에너지

전기 에너지 = 전압 × 전류 × 시간

$$E = VIt$$

전자기 유도

전기 에너지는 다양한 에너지의 형태로 전환할 수 있어 많은 곳에 활용되고 있어요. 전기 에너지를 발생시키는 방법에는 무엇이 있을까요?

영국의 과학자 패러데이는 실험을 통해 자기장의 변화로 전류가 발생하는 전자기 유도 현상을 발견했어요. **전자기 유도 현상**이란 자석이 정지해 있을 때는 검류계의 바늘이 움직이지 않지만, 자석을 코일 안에 넣거나 뺄 때는 검류계의 바늘이 움직이는 현상을 말해요.

자석이 움직이면 바늘도 같이 움직인다.

코일

검류계

여기에서 검류계란 전기 회로에서 아주 약한 전류가 흐르는지 흐르지 않는지를 측정하는 기계예요.

자석을 코일 안에 넣거나 뺄 때 검류계의 바늘이 움직인다는 것은 코일에 전류가 흐르는 것을 의미해요. 이처럼 전자기 유도 때문에 코일에 흐르는 전류를 **유도 전류**라고 해요. 유도 전류는 자석이 움직이면서 코일 내부를 지나는 자기장의 변화가 있을 때 흐르고, 자석이 멈춰 코일 내부를 지나는 자기장의 변화가 생기지 않으면 흐르지 않아요. 자석이 빠르게 움직일수록, 자석의 세기가 셀수록 유도 전류의 세기가 증가해요.

유도 전류는 코일 내부를 지나는 자기장
의 변화가 생길 때, 자기장의 변화를
방해하는 방향으로 흘러요.

자석의 N극을 코일에 가까이 가
져가 볼까요? 이때 코일 내부를 지
나는 자기장이 세지고, 이를 방해하
기 위해 코일에는 위쪽을 향하는 자
기장을 만들기 위한 전류가 유도돼
요. 오른손의 엄지손가락을 위쪽 방

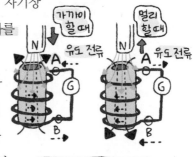

향으로 둘 때, 네 손가락이 감아쥐는 방향이 유도 전류의 방향이에요.

자석의 N극을 코일에서 멀리해 볼가요? 코일의 내부를 지나는 자기
장이 약해지겠죠? 이때 코일에는 이를 방해하기 위해 아래쪽으로 향하
는 자기장을 만들기 위한 전류가 유도돼요. 오른손의 엄지손가락을 아
래쪽 방향으로 둘 때, 네 손가락이 감아쥐는 방향이 유도 전류의 방향
이에요.

전자기 유도 현상은 발전기, 교통카드, 인덕션 레인지 등에 이용돼요.
그 중 발전기는 자석과 그 사이에 회전할 수 있는 코일이 있는 구조이
며, 힘을 가해 코일을 회전하면 전류가 유도돼요. 즉, 발전기는 역학적
에너지가 전기 에너지로 전환되는 장치라고 할 수 있어요.

🔖 개념체크

1 전류의 열작용 때문에 발생한 열의 양은?
2 전기 에너지를 구하는 식은?
3 역학적 에너지를 전기 에너지로 전환하는 장치는?

📖 1. 발열량 2. 전압 × 전류 × 전류가 흐른 시간 3. 발전기

24 소비 전력

소비 전력이란 전기 기구가 1초 동안 사용하는 전기 에너지 양이야!

일상생활에서 사용하는 전기 기구에서 에너지 소비 효율 등급 스티커를 본 적이 있나요? 이 등급은 무엇을 나타내는 것일까요? 숫자가 낮아야 좋은 걸까요? 높아야 좋은 걸까요?

전기 에너지의 전환

전기 에너지는 열, 빛, 소리뿐만 아니라 운동 에너지 등 다양한 형태의 에너지로 전환이 편리한 에너지예요. 그래서 일상생활에서 많이 쓰이고 있어요.

텔레비전은 전기 에너지가 빛과 소리 에너지로 전환된 것이고, 전등은 전기 에너지가 빛에너지로 전환된 것이에요. 또, 추운 겨울철에 사용하는 전기난로는 전기 에너지가 열에너지로 전환된 형태예요. 더운 여름철에 사용하는 선풍기는 전기 에너지가 운동 에너지로 전환된 예로 볼 수 있어요. 엘리베이터는 전기 에너지가 역학적 에너지로, 헤어드라이어는 전기 에너지가 열과 운동 에너지로 전환된 것이에요.

전력(소비 전력)

앞에서 전류가 공급한 에너지를 전기 에너지라고 하고, 전압(V), 전류(I), 전류가 흐른 시간(t)의 곱으로 구한다고 배웠죠?

A, B 두 종류의 전기 기구가 있다고 가정해 볼까요? 전기 기구 A는 5초 동안 10 J의 전기 에너지를 사용했고, 전기 기구 B는 10초 동안 10 J

의 전기 에너지를 사용했어요. 두 전기 기구의 전기 에너지는 10 J로 같아요. 그런데 사용한 시간이 다르죠? 같은 시간으로 두 전기 기구의 전기 에너지 양을 비교하면 어느 전기 기구의 효율이 더 높을까요?

전기 기구 A는 1초 동안 2 J의 전기 에너지를 사용했고, 전기 기구 B는 1초 동안 1 J의 전기 에너지를 사용했어요. 이와 같이 같은 양의 전기 에너지를 사용하더라도 효율은 다를 수 있어요. 이렇게 전기 기구가 1초 동안 사용하는 전기 에너지의 양을 전력이라고 해요. 단위는 W(와트)를 써요. 1 W(와트)는 1 V의 전압으로 1 A의 전류가 흐를 때 소비되는 전력이에요.

전력

$$전력 = \frac{전기\ 에너지}{시간} = 전압 \times 전류$$

$$P = \frac{E}{t} = V \times I$$

 과학 선생님 @Physics

Q. 전기 에너지와 전력은 어떻게 다른가요?

전력을 효율로 이해하면 전기 에너지를 보다 쉽게 구별할 수 있어요. 전기 에너지가 '양'적인 개념이라면, 전력은 '질'적인 개념으로 효율을 고려한 것이에요.

#전력은 #와트(W) #1A×1V #전기에너지는 #줄(J) #W×t(시간)

가정에서 사용하는 전기 기구에는 정격 전압에 따른 정격 소비 전력이 표시되어 있어요. 정격 전압은 전기 기구가 정상적으로 작동할 수 있는 전압이고, 정격 소비 전력은 정격 전

전기용품 안전관리법에 의한 표시

안전인증번호: H
제품명: 모발건조기(Hair Dryer)
모델명: VS5
정격전압: AC 220V/60Hz
정격소비전력: 2000W

압을 걸어줄 때 그 전기 기구가 1초 동안 사용하는 전기 에너지의 양이에요. 모발건조기, 즉 헤어드라이어의 정격 전압은 220 V, 정격 소비 전력은 2000 W라고 표시되어 있어요. 따라서 220 V에 연결하여 사용할 때 모발 건조기에 흐르는 전류는 $\dfrac{2000 \text{ W}}{220 \text{ V}}$ ≒ 9.09 A예요.

전력량

전력량은 무엇일까요? 전력과 구분하여 쉽게 이해하기 위해 실생활의 예를 들어 볼까요?

우리는 일상에서 전기 에너지를 편리하게 사용하고 있어요. 그리고 우리는 사용한 전기에 대해 전기 요금을 내요. 그럼 먼저 전기 에너지를 얼마나 사용했는지를 계산해야겠죠? 전기 에너지의 양은 전압, 전류, 전류가 흐른 시간을 곱한 값이에요. 이때 시간의 단위는 '초'예요. 전기 기구가 1초 동안 사용하는 전기 에너지의 양인 전력을 알고, 이 전력을 사용한 시간의 곱으로 계산하면 보다 편리할 거예요. 이처럼 일정 시간 동안 전기 기구에서 사용한 전기 에너지의 양을 전력량이라고 해요.

전력량
전력량 = 전력 × 시간 = 전압 × 전류 × 시간

전기 에너지와 전력량은 같은 개념이라고 할 수 있어요. 하지만 단위는 달라요. 전기 에너지와 전력량은 전압과 전류, 시간의 곱으로 구할 수 있지만 전기 에너지를 구할 때의 시간은 전류가 흐른 시간, 즉 초(s)의 단위이고, 전력량을 구할 때의 시간은 시간(h)의 단위를 사용해요.

전력량의 단위는 Wh(와트시)를 사용해요. 1 Wh(와트시)는 1 W의 전력을 1시간 동안 사용한 전력량이에요. 전력량을 전기 에너지로도 나타낼 수 있어요. 1 Wh는 1 W의 전력을 1시간 동안 사용한 전력량이므로 1시간을 초 단위로 바꿔 주면 전기 에너지를 구할 수 있어요. 즉, 1 Wh = 3600 J이에요.

전기 기구를 보면 전력량이 표시된 에너지 소비 효율 등급을 볼 수 있어요. 에너지 소비 효율 등급 표시 제도는 제품의 에너지 소비 효율 또는 에너지 사용량에 따라 1~5등급으로 구분하여 표시한 것이에요. 1등급 제품이 5등급보다 약 30~40 %의 에너지를 절감할 수 있다고 해요. 이를 통해 소비자들은 효율이 높은 에너지 절약형 제품을 손쉽게 판단하여 구입할 수 있고, 제조업자들은 생산 단계에서부터 에너지 절약형 제품을 생산하고 판매하여 에너지를 절약하려는 목적이 있어요.

개념체크

1 일정 시간 동안 전기 기구에서 사용한 전기 에너지의 양은?
2 1 W의 전력을 1시간 동안 사용한 전력량은?

답 1. 전력량 2. 1 Wh

화학

전문가란 매우 협소한 분야에서
저지를 수 있는 모든 실수를 저질러본
사람이다.

-닐스 보어

01 입자의 운동

모든 입자는 끊임없이 움직여!

향수병을 열어 놓으면 방 안 전체에 향수 냄새가 퍼져 나가죠? 또, 시간이 지날수록 병 안에 담겨 있던 향수의 양이 점점 줄어들어요. 왜 이러한 현상이 일어나는 걸까요?

입자의 운동

풍선에 기체를 넣으면 풍선의 모양대로 기체가 가득 차요. 이것은 기체 입자들이 풍선 안에 고르게 퍼져 있기 때문이에요. 그런데 시간이 지나면 고무풍선 안의 기체 입자들이 풍선을 이루는 입자의 아주 작은 틈 사이로 빠져나와 풍선이 점점 작아져요.

다른 예를 들어 볼까요? 주사기에 공기를 넣고 주사기 끝을 막은 다음 피스톤을 누르면 피스톤이 밀려들어 가면서 공기의 부피가 줄어들어요. 이것은 공기를 이루는 기체 입자 사이에 빈 공간이 있기 때문이에요. 즉, 눈에 보이지 않는 기체 입자들로 이루어진 공기 입자들은 서로 떨어진 상태로 주사기 안에 골고루 퍼져 있기 때문에 기체 입자 사이에 빈 공간이 존재하는 거예요.

기체를 이루는 입자

공기를 이루는 기체 입자처럼 우주의 모든 물질은 작은 알갱이인 **입자**로 이루어져 있어요. 입자는 크기가 매우 작아서 눈으로 볼 수 없기 때문에 **입자 모형**으로 설명해요.

물질을 이루는 입자는 스스로 끊임없이 움직이며, 온도가 높을수록 운동이 활발해지는 특징이 있어요. 그리고 온도가 일정할 때에는 입자의 질량이 작을수록 입자가 활발하게 움직여요. 같은 물질일 경우에는 물질의 상태가 고체일 때보다는 액체, 액체일 때보다는 기체일 때 입자의 운동이 활발해요.

그런데 물질을 이루는 입자의 운동은 어떻게 알 수 있을까요?

증발

새벽녘 풀잎에 맺힌 이슬은 한낮이 되면 사라져요. 또, 어항 속 물도 시간이 지나면 조금씩 줄어들어요. 이러한 현상을 관찰한 적이 있나요? 이것은 물 표면에서 물이 수증기로 변하여 공기 중으로 날아가기 때문이에요.

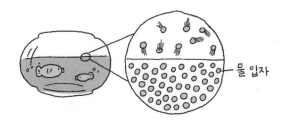
▲ 어항 속 물의 증발과 물 입자의 증발 모형

이와 같이 액체를 이루는 입자가 스스로 운동하여 액체의 표면에서 액체가 기체로 변하는 현상을 증발이라고 해요.

바닷물을 가둔 후 물을 증발시켜 소금을 얻는 염전, 가뭄으로 논바닥이 갈라지는 현상, 수채화 물감으로 그린 그림이 마르는 것, 헤어드라이어로 젖은 머리카락을 말리는 것 등 일상생활에서 물이 마르는 대부분의 현상이 증발에 해당해요.

증발은 온도, 습도, 바람, 표면적, 입자 사이의 당기는 힘(인력)과 관련이 있어요.

겨울철보다 여름철에 빨래가 잘 마르지요? 증발은 온도가 높을수록 잘 일어나는데, 온도가 높을수록 입자 운동이 활발해지기 때문이에요. 또, 습도가 낮을수록(건조할수록) 증발이 잘 일어나요. 그래서 비 오는 날보다 맑은 날에 빨래가 잘 말라요. 이것은 공기 중에 포함된 수증기량이 적을수록 증발로 인해 만들어진 수증기를 더 많이 수용할 수 있기 때문이에요.

또한, 증발은 바람이 불지 않을 때보다 바람이 불 때, 그리고 공기와 접촉하는 면적이 넓을수록 잘 일어나요. 이 때문에 빨래를 뭉쳐서 널 때보다 넓게 펼쳐서 널 때 잘 말라요.

증발은 입자 사이에 서로 잡아당기는 힘과도 관련이 있어요. 예를 들면, 에탄올은 물보다 더 빨리 증발해요. 이것은 에탄올 입자 사이의 인력이 물 입자 사이의 인력보다 작아서 에탄올이 물보다 입자 사이의 인력을 끊고 기체로 변하기 쉽기 때문이에요.

증발은 온도가 높을수록,
습도가 낮을수록, 바람이 강할수록,
표면적이 넓을수록, 입자 사이의 인력이
작을수록 잘 일어나!

 과학 선생님 @Chemistry

Q. 물이 끓는 것도 증발인가요?

끓는 것을 '끓음'이라고 하는데, 증발과 끓음은 둘다 액체가 기체로 변한다는 공통점이 있어요. 증발은 액체 표면에서만 일어나고, 모든 온도에서 일어나요. 반면에 끓음은 액체 표면뿐만 아니라 액체 내부에서도 일어나며, 물질의 끓는점 이상의 온도에서 일어나요. 그래서 물이 끓을 때 물속에서 보글보글 기체(수증기)가 만들어지는 것을 관찰할 수 있어요.

증발은   # 액체표면에서만   # 끓음은   # 끓는점_이상에서

확산

방 안에 향수병을 열어 놓으면 그 양이 줄어들면서
방 전체에 향기가 퍼져요. 이것은 향수 입자가 운동
하면서 기체로 바뀌어 증발하면서 공기 중으로 퍼
져 나가기 때문이에요. 이처럼 물질을 이루는 입자가
스스로 운동하여 퍼져 나가는 현상을 확산이라고 해요.

과학 선생님 @Chemistry

Q. 확산은 바람이 부는 방향으로만 일어나요?
확산이 바람 부는 방향으로 일어난다고 착각할 수 있어요. 그런데 확산은 입자의 운동에 의
해 일어나는 현상이므로 바람이 불지 않아도 일어나요. 또한 확산하는 입자는 모든 방향으
로 움직이기 때문에 확산도 모든 방향으로 일어나요.

\# 확산은 \# 바람방향 \# 중력방향도 \# 아닌 \# 모든_방향으로 \# 사방팔방

일상생활에서 확산 현상을 많이 경험할 수 있는데, 전자 모기향을 피
워 모기를 쫓는 것, 마약 탐지견이 냄새를 맡아 마약을 발견하는 것, 멀
리서도 꽃향기나 음식 냄새를 맡을 수 있는 것 등이 있어요.

액체 속에서도 확산 현상이 일어나요. 예를 들어, 물에 잉크를 떨어뜨
리면 물 전체가 잉크 색으로 변하고, 냉면에 식초를 떨어뜨리면 국물 전
체에서 신맛이 나는 것 등이 확산에 해당돼요.

확산은 온도, 입자의 질량, 물질의 상태, 통과하는 물질(매질)의 상태
에 따라서 속도가 달라요.

예를 들면, 잉크는 찬물보다 더운물에서 더 빨리 퍼져요. 이것은 온도
가 높을수록 입자 운동이 활발해져 확산이 잘 일어나기 때문이에요. 또
한, 질량이 큰 입자보다 질량이 작은 입자가 더 빨리 퍼지는데, 같은 에
너지를 가진다면 질량이 작을수록 운동하는 속도가 빠르기 때문이에요.

확산은 확산하는 물질의 상태에 따라서도 속도가 달라요. 고체<액체
<기체 순으로 확산이 잘 일어나지요. 고체에 비해 기체의 입자 운동이
활발하여 확산 속도가 빠른 것이에요.

또한, 확산은 확산하는 물질이 액체 속을 통과할 때보다 기체 속을 통
과할 때, 기체 속을 통과할 때보다 진공 속을 통과할 때 더 빠르게 일어
나요. 어떤 입자가 확산할 때 다른 입자와 충돌하면 확산이 방해받기 때
문이에요. 따라서 확산을 방해하는 입자의 수가 적을수록 확산이 빠르
게 일어나므로 액체 속<기체 속<진공 속 순으로 확산이 잘 일어나요.

> 확산은 온도가 높을수록, 확산하는 입자의
> 질량이 작을수록, 물질의 상태가 고체 <액체
> <기체 순으로, 액체 속 <기체 속 <진공 속
> 순으로 잘 일어난대!

 과학 선생님 @Chemistry

Q. 확산은 진공 속에서도 일어나요?

진공 속에서는 확산이 일어나지 않는다고 생각할 수 있어요. 하지만 확산은 입자가 움직이
는 모든 공간에서 일어나요. 진공 속에서는 확산하는 입자의 운동을 방해하는 물질이 없으
므로 확산이 가장 빠르게 일어난답니다.

#자동차가_없는   #도로처럼   #공기입자가_없는   #진공은   #확산에_최적격

🛩️ 개념체크

1 액체의 표면에서 액체가 기체로 변하는 현상은?

2 물질을 이루는 입자가 스스로 운동하여 퍼져 나가는 현상은?

📋 1. 증발 2. 확산

탐구 STAGRAM

 암모니아의 확산 실험

Science Teacher

① 동심원이 그려진 종이 위에 페트리 접시를 올려놓는다.
② 원과 직선이 만나는 곳에 페놀프탈레인 용액을 떨어뜨린다.
③ 페트리 접시 중앙에 암모니아수를 1~2방울 떨어뜨린 후 뚜껑을 덮고 변화를 관찰한다.

암모니아수   페트리 접시

👍 좋아요 ❤   #확산 #페놀프탈레인용액 #암모니아수

 이 실험의 목적은 무엇인가요?

 암모니아 입자의 확산 방향을 알아보는 것이에요.

 어떤 변화가 생기나요?

 동심원의 중심에서부터 모든 방향으로 페놀프탈레인의 색이 붉게 변해요. 이것으로부터 암모니아 입자가 모든 방향으로 움직여서 확산된다는 것을 알 수 있어요.

 페놀프탈레인은 어떤 용도인가요?

 페놀프탈레인은 염기성 용액과 만났을 때 붉게 변하는 지시약이에요. 암모니아는 염기성 물질이므로 페놀프탈레인 용액의 색 변화로 암모니아 입자의 이동을 알 수 있지요.

🔵 ┃ 새로운 댓글을 작성해 주세요.   ┃ 등록

 이것만은!
• 암모니아는 염기성이므로 페놀프탈레인의 색을 붉게 변화시킨다.
• 암모니아 입자는 모든 방향으로 운동한다.
• 확산은 모든 방향으로 일어난다.

02 기체의 압력

기체 입자가 많이 충돌할수록 기체의 압력이 커져!

뜯지 않은 과자 봉지는 손으로 눌러도 잘 눌러지지 않을 정도로 빵빵해요. 과자 말고 여기에 무엇이 들어 있을까요? 여기에는 우리 눈에 보이지 않지만 질소 기체가 들어 있어요. 과자를 포장할 때 질소 기체를 넣어 과자가 부서지지 않도록 하는 거랍니다.

압력

연필의 양쪽 끝을 같은 크기의 힘으로 누르면 뾰족한 부분의 손가락이 더 깊이 눌려서 아플 거예요. 이것은 같은 크기의 힘이 작용하더라도 힘을 받는 넓이가 좁을수록 압력이 크기 때문이에요. 이때 **압력**은 일정한 넓이가 받는 힘을 뜻해요.

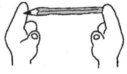

> **압력**
>
> $$압력 = \frac{수직으로\ 작용하는\ 힘}{힘을\ 받는\ 면의\ 넓이}$$
>
> (단위: N/m^2, N/cm^2, 기압, Pa 등)

압력은 누르는 힘의 세기와 힘을 받는 면의 넓이에 따라서도 달라져요. 즉, 누르는 힘이 클수록, 힘을 받는 면의 넓이가 좁을수록 압력이 커요. 몸무게가 적게 나가는 사람보다 많이 나가는 사람에게 발을 밟혔을 때 더 아픈 것도 누르는 힘이 더 커서 압력이 커졌기 때문이에요. 또 운동화를 신은 사람보다 높은 굽의 구두를 신은 사람에게 발을 밟혔을 때 발이 더 아픈 것은 같은 힘이 작용하더라도 힘을 받는 넓이가 좁을수록 압력이 더 크기 때문이에요.

기체의 압력

압력은 공기와 같은 기체에서도 나타나요. 기체로 꽉 찬 고무풍선을 누르면 고무풍선 안에서 손을 밀어내는 힘을 느낄 수 있어요.

눈에 보이지 않는 기체 입자가 밀어내는 힘을 다음과 같은 실험으로 체험할 수 있어  요. 페트병에 쇠구슬을 여러 개 넣고 흔들어 보세요. 쇠구슬이 페트병 벽에 부딪히면서 힘을 가해요. 이와 마찬가지로 기체 입자들도 끊임없이 움직이면서 용기 벽과 충돌하여 바깥쪽으로 밀어내는 힘을 가하게 되는 거예요. 이처럼 기체 입자가 일정한 넓이에 충돌할 때 가하는 힘의 크기를 기체의 압력 또는 기압이라고 해요.

기체 입자는 모든 방향으로 운동하면서 용기 벽에 충돌하기 때문에 기체의 압력은 모든 방향으로 작용해요. 풍선에 공기를 불어 넣으면 풍선 속의 기체 입자가 많아져서 기체 입자들이 풍선의 안쪽 벽과 더 많이 충돌해요. 이때 기체 입자들이 풍선의 모든 방향으로 압력을 가하므로 풍선이 둥글고 팽팽하게 부풀어 오르는 것이에요.

기체의 압력은 일상생활에서 다양하게 이용되고 있어요. 예를 들면,

병원에 가면 기본적으로 혈압을 측정하지요.
이때 혈압계를 작동시키면 공기 주머니가 팔
에 힘을 가하여 압력이 느껴질 거예요. 이것
으로 혈압을 측정하는 것이지요. 또한 공기
주머니를 이용하여 자동차처럼 무거운 물체를 들어 올리는 에어잭이라
는 기구도 있어요. 또, 높은 곳에서 떨어지는 사람을 구하기 위해 사용
하는 안전 매트에도 공기가 들어 있답니다.

대기압

평소에는 잘 느끼지 못하지만 지구는 대기에 둘러싸여 있어 우리들
도 늘 기체의 압력을 받고 있어요. 지구를 둘러싸고 있는 공기의 압력을
대기압이라고 하며, 보통 지구 표면 부근에서의 대기압은 1기압이에요.

대기압의 크기는 어느 정도일까요? 대기압은 17세기 이탈리아의 과학
자 토리첼리가 수은을 이용하여 측정하였어요. 대기압은 높이가 76 cm인
수은 기둥이 누르는 압력과 같다는 것을 알아냈어요. 그리고 그만큼의 압
력을 1기압이라고 정하였는데, 수은 대신 물을 이용하면 대기압은 높이가
10미터인 물기둥이 누르는 압력과 같아요.

대기압은 높은 곳으로 올라갈수록 낮아지는데, 이것은 지구 중심에
서 멀어질수록 공기의 양이 적어져 대기압도 점점 낮아지는 것이에요.

🐾 **개념체크**

1 일정한 넓이에 수직으로 작용하는 힘의 크기는?
2 기체 입자들이 운동하면서 용기 벽에 충돌할 때, 용기 벽의 일정한 넓이에 작용
  하는 힘의 크기는?
  📋 1. 압력 2. 기체의 압력

03 보일 법칙: 기체의 압력과 부피 관계

기체를 꽉 누르면 부피가 작아져!

놀이공원에 가면 헬륨이 들어 있는 풍선을 가지고 다니는 아이들을 볼 수 있어요. 이 풍선을 놓치면 풍선은 어떻게 될까요? 높이 올라갈수록 풍선은 부풀어 오르다가 결국 터지는데 왜 그렇게 될까요?

압력에 따른 기체의 부피 변화

공기를 조금 넣은 고무풍선을 감압 용기에 넣고 펌프를 이용하여 감압 용기 속에 있는 공기를 빼내면 어떤 일이 일어날까요? 용기 속 기체의 압력이 작아지면서 감압 용기와 고무풍선 속 기체의 압력이 같아질 때까지 고무풍선이 부풀어 올라요.

이제 반대로 용기 안에 공기를 다시 채워 볼까요? 그럼 용기 속 기체의 압력이 커지면서 감압 용기와 고무풍선 속 기체의 압력이 같아질 때까지 고무풍선이 작아지다가 원래의 크기로 되돌아가요. 즉, 기체에 작용하는 압력이 작아지면 기체의 부피가 커지고, 기체에 작용하는 압력이 커지면 기체의 부피는 작아지는 것을 알 수 있어요.

▲ 감압 용기 속 고무풍선의 크기 변화

과학 선생님 @Chemistry

감압 용기 속 공기를 빼면 고무풍선 속 공기도 빠지나요?

감압 용기 속의 공기를 밖으로 빼내면 고무풍선을 둘러싼 부분의 공기가 빠져나가는 것일 뿐 고무풍선 속에 들어 있는 공기가 빠져나가는 것은 아니에요. 감압 용기 속 공기를 빼면 고무풍선 주변의 기압이 낮아지므로 고무풍선이 팽창해요. 이때 고무풍선 안에 들어 있는 기체 입자들의 수, 질량, 크기 등은 변하지 않고, 단지 기체 입자 사이의 거리만 멀어질 뿐 이에요.

\# 주변_압력이 \# 낮아지면 \# 우리_사이만 \# 멀어질_뿐 \# 변하는_건 \# 없어

보일 법칙

온도가 일정할 때 주사기의 피스톤을 눌러 압력을 가하면 주사기 속 기체의 압력은 커지고 기체의 부피는 작아져요. 반대로 피스톤을 잡아 당기면 주사기 속 기체의 압력은 작아지고 기체의 부피는 커져요. 특히 주사기 속 기체의 압력이 2배가 되면 기체의 부피는 $\frac{1}{2}$배가 되고, 기체의 압력이 4배가 되면 기체의 부피는 $\frac{1}{4}$배가 돼요. 반대로 주사기 속 기체의 압력이 $\frac{1}{2}$배가 되면 기체의 부피는 2배가 되고, 기체의 압력이

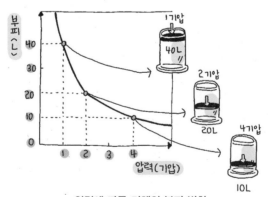

▲ 압력에 따른 기체의 부피 변화

$\dfrac{1}{4}$배가 되면 기체의 부피는 4배가 되지요. 이처럼 기체의 압력과 기체의 부피를 곱한 값은 항상 일정해요.

영국의 과학자 보일은 실험을 통하여 "일정한 온도에서 일정량의 기체의 압력과 부피는 서로 반비례한다."라는 사실을 밝혔는데, 이것을 보일 법칙이라고 해요.

보일 법칙

압력×부피 = 일정
➡ 처음 압력×처음 부피 = 나중 압력×나중 부피

예를 들어, 0 ℃, 1기압에서 부피가 4 L인 산소 기체가 있다고 가정해 봐요. 여기서 온도를 일정하게 유지한 채 압력을 2기압으로 높이면 기체의 부피는 어떻게 변할까요? 보일 법칙에 따르면, 온도가 일정할 때 기체에 작용하는 압력과 기체의 부피의 곱은 일정해요. 그러므로 1기압일 때의 압력과 부피의 곱은 2기압일 때의 압력과 부피의 곱과 같을 거예요. 따라서 2기압일 때 산소 기체의 부피는 2 L가 되지요.

압력에 따라 기체의 부피가 변하는 까닭을 기체 입자의 운동 모형으로 알아볼까요? 일정한 온도에서 일정한 양의 기체에 작용하는 압력을 높이면 입자 수는 변하지 않지만 기체의 부피가 줄어들어요. 그래서 입자 사이의 거리가 가까워지면서 입자들이 용기 벽에 더 많이 충돌하기 때문에 용기 속 기체의 압력이 커지게 되지요.

반대로 일정한 온도에서 기체에 작용하는 압력을 낮추면 입자 수는 변하지 않지만 기체의 부피가 늘어나요. 그래서 입자 사이의 거리가 멀어지게 되고 용기 속 기체의 압력은 작아져요. 결과적으로 용기 속 기체의 압력이 외부에서 작용하는 압력과 같아질 때까지 기체의 부피가 줄어들거나 늘어나게 되는 것이에요.

 과학 선생님 @Chemistry

Q. 보일 법칙은 기체의 종류에 따라 다르게 적용되나요?

보일 법칙은 기체 종류와는 관계없어요. 간혹 기체의 종류마다 기체의 크기가 다른데 어떻게 보일 법칙이 똑같이 적용되는지 의문을 품는 친구들이 있어요. 기체 입자는 매우 작고, 대부분이 빈 공간으로 이루어져 있기 때문에 기체의 크기에 따른 압력은 무시할 수 있어요.

보일법칙 # 기체_종류에 # 상관없어 # 언제_어디서나 # 작용하지

생활 속 보일 법칙의 예

일상생활에서 압력의 변화에 따라 기체의 부피가 변하는 예를 알아볼까요? 비행기가 이륙하면 귀가 먹먹해져요. 이것은 비행기 고도가 높아질수록 고막 바깥쪽의 압력이 작아져 고막 안에 있는 공기의 부피가 커지면서 나타나는 현상이에요. 또, 잠수부가 내뿜은 공기 방울이 수면으로 올라갈수록 점점 커지는 것도 수면으로 올라갈수록 수압이 낮아져서 공기의 부피가 커지기 때문이에요.

샴푸가 들어 있는 펌프식 용기를 사용하는 것도 보일 법칙과 관련이 있어요. 펌프를 눌렀다가 떼면 펌프에 연결된 관의 부피가 커지면서 압력이 낮아져요. 이때 외부 압력인 대기압과 내부의 압력이 같아질 때까지 샴푸와 같은 액체가 관 안으로 밀려 올라오는 원리예요.

개념체크

1 온도가 일정할 때 기체에 작용하는 압력이 커지면 기체의 부피는 커질까? 작아질까?

2 일정한 온도에서 기체의 부피가 압력에 반비례한다는 법칙은?

🔖 1. 작아진다 2. 보일 법칙

탐구 STAGRAM

기체의 압력과 부피 관계

Science Teacher

① 주사기 속 공기의 부피가 60 mL가 되도록 피스톤의 눈금을 맞춘다.
② 주사기를 압력계에 연결한다.
③ 압력계의 눈금이 0.5기압씩 증가하도록 피스톤을 누르면서 주사기 속 기체의 부피를 측정한다.

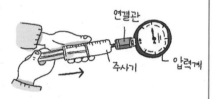

 좋아요 ♥   #기체의압력과부피 #보일법칙 #기체의압력

 어떠한 결과가 나타나죠?

 실험 결과를 표와 그래프로 나타내면 아래와 같아요. 온도가 일정할 때, 기체에 작용하는 압력이 커지면 기체의 부피가 줄어든다는 것을 알 수 있어요.

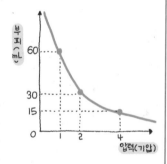

기체 압력(기압)	1	1.5	2	4
기체 부피(mL)	60	40	30	15
압력×부피	60	60	60	60

 실험을 통해 무엇을 알 수 있나요?

 온도가 일정할 때, 기체에 작용하는 압력과 기체의 부피를 곱한 값이 일정하다는 것을 알 수 있어요.

새로운 댓글을 작성해 주세요.	등록

🔥 **이것만은!** • 보일 법칙은 온도가 일정하며, 기체 상태일 때만 적용된다.
• 온도가 일정할 때, 기체의 부피는 압력에 반비례한다.

04 샤를 법칙: 기체의 온도와 부피 관계

기체를 뜨겁게 하면 부피가 커져!

추운 날 뜨거운 국그릇이 식탁 위에서 미끄러져 움직이는 것을 볼 수 있어요. 바닥에 아무것도 없는데 왜 이런 현상이 일어나는 것일까요? 이것은 오목한 그릇과 바닥 사이에 갇힌 공기와 관련이 있어요.

공기

온도에 따른 기체의 부피 변화

공기가 들어 있는 고무풍선을 온도가 −196 ℃ 이하인 액체 질소 안에 넣으면 고무풍선이 쭈그러들어요. 이것은 온도가 낮아지면서 고무풍선 안에 들어 있던 기체 입자의 운동이 느려지고, 기체 입자 사이의 거리가 가까워지면서 기체의 부피가 줄어들기 때문이에요.

그럼 쭈그러진 고무풍선을 액체 질소 밖으로 꺼내면 어떻게 될까요? 고무풍선의 온도가 높아지면서 고무풍선 안에 들어 있던 기체 입자의 운동이 빨라지고, 기체 입자 사이의 거리가 멀어지면서 기체의 부피가 늘어나요.

샤를 법칙

압력이 일정할 때 용기에 들어 있는 기체의 온도가 높아지면 기체의 부피가 커지고, 온도가 낮아지면 기체의 부피가 작아져요.

1787년에 프랑스의 과학자 샤를은 실험을 통하여 일정한 압력에서 기체의 부피는 온도가 1 ℃ 높아질 때마다 0 ℃ 때 부피의 $\frac{1}{273}$ 배만큼 늘어난다는 사실을 알아냈어요. 즉, "압력이 일정할 때 일정량의 기체는 온도가 높아지면 부피가 일정한 비율로 증가한다."라는 사실을 밝혔는데, 이것을 **샤를 법칙**이라고 해요.

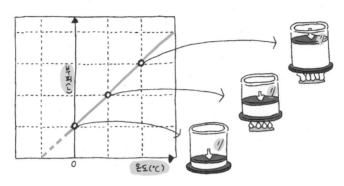

▲ 온도에 따른 기체의 부피 변화

 과학 선생님 @Chemistry

Q. 위의 샤를 법칙 그래프에서 점선은 무엇을 의미하나요?

샤를 법칙은 기체의 종류에 관계없이 모든 기체에 적용되는 법칙이지만, 온도가 점점 낮아질 때 물질에 따라 액체나 고체로 상태가 변할 수도 있어요. 또한, 상태가 변하기 시작하는 온도가 물질마다 다르기 때문에 온도가 낮은 부분을 점선으로 표현하였어요.

\#온도 \#너무 \#낮으면 \#기체가 \#액체나 \#고체로_변해 \#예측불허는 \#점선으로

온도 변화에 따라 기체의 부피가 변하는 까닭을 기체 입자의 운동 모형으로 알아볼까요? 압력이 일정할 때 온도가 높아지면 기체 입자의 운동이 빨라지면서 기체 입자가 용기 벽에 더 많이, 더 세게 충돌해요. 그럼 용기 안의 압력이 순간적으로 높아지면서 용기 벽을 밀어내므로 기체의 부피가 커지게 되지요. 결국 용기 안에 있는 기체의 압력이 외부 압력과 같아질 때까지 기체가 팽창하게 돼요.

반대로 온도가 낮아지면 기체 입자의 운동이 느려지면서 기체 입자가 용기 벽에 더 적게, 더 약하게 충돌해요. 기체 입자의 충돌 횟수와 충돌 세기가 줄어들면 용기 안의 압력이 순간적으로 낮아지면서 용기 바깥

의 대기압보다 압력이 작아져 기체의 부피가 작아져요. 결국 용기 안에 있는 기체의 압력이 외부의 압력과 같아질 때까지 기체가 압축되지요.

생활 속 샤를 법칙의 예

온도에 따라 기체의 부피가 변하는 예에는 어떤 것이 있을까요? 그림과 같은 열기구의 풍선 속 공기를 가열하면 온도가 높아지면서 공기의 부피가 늘어나요. 그러면 공기의 일부가 열기구 밖으로 빠져나가게 되는 것이에요. 공기의 양이 적어진 열기구 안은 밖보다 가벼워지므로 열기구가 공기 중으로 떠오르게 되지요.

찌그러진 탁구공을 뜨거운 물에 넣으면 탁구공이 다시 펴지는 것도 같은 원리예요. 탁구공 속 공기의 온도가 올라가면서 부피가 커지기 때문이지요. 또 앞에서 뜨거운 국그릇이 미끄러지는 것도 샤를 법칙과 관련이 있어요. 뜨거운 그릇과 바닥 사이에 있는 공기에 열이 전달되어 온도가 높아지면, 부피가 커지면서 그릇을 밀어내는 것이에요.

두 개의 컵이 포개져 있어 잘 빠지지 않았던 경험이 있나요? 두 컵을 분리하는 방법으로 샤를 법칙을 이용할 수 있어요. 아래쪽 컵의 밑 부분을 따뜻한 물에 넣어 두면, 두 컵 사이에 밀착되어 있는 빈틈의 공기가 팽창하면서 쉽게 빠지게 된답니다.

개념체크

1 압력이 일정할 때, 온도가 높아지면 기체의 부피는 커질까? 작아질까?
2 압력이 일정할 때, 온도가 높아질수록 기체의 부피가 일정하게 증가한다는 법칙은?

답 1. 커진다 2. 샤를 법칙

탐구 STAGRAM

기체의 온도와 부피 관계

Science Teacher

① 눈금이 있는 유리관을 실리콘 튜브에 연결하고, 실리콘 튜브를 시약병에 끼운다.

② 70 ℃의 물이 담긴 비커에 시약병을 넣고 온도계를 장치한다.

③ 스포이트로 유리관 입구에 잉크를 한 방울 떨어뜨린다.

④ 온도가 60 ℃가 되면 유리관 속 잉크의 높이를 읽기 시작하여 온도가 5 ℃씩 낮아질 때마다 유리관의 눈금을 읽는다.

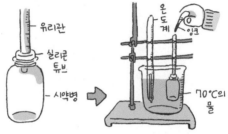

 좋아요 ♥

#공기부피 #온도-부피 그래프

 실험 결과는 어떻게 나타나나요?

 그래프와 같이 유리관의 눈금과 온도가 비례 관계를 나타내요.

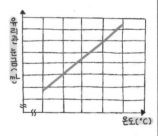

 이 실험 결과에서 꼭 알아야 할 것이 있나요?

 압력이 일정할 때, 기체의 온도에 따라 기체의 부피가 일정한 비율로 변한다는 것이에요.

 │ 새로운 댓글을 작성해 주세요. │ 등록

✏️**이것만은!** • 샤를 법칙은 압력이 일정하며, 기체 상태일 때만 적용된다.

• 압력이 일정할 때, 온도가 증가하면 기체의 부피는 일정한 비율로 증가한다.

05 물질의 세 가지 상태

물질은 고체, 액체, 기체 상태로 존재해!

물이 끓을 때 생기는 김은 기체일까요, 액체일까요? 김은 끓어 나온 기체인 수증기가 차가운 공기에 의해 식어서 만들어진 작은 물방울이에요. 따라서 김은 액체이지요. 그렇다면 기체와 액체는 어떤 차이가 있을까요?

고체, 액체, 기체

우리 주위에는 매우 다양한 물질들이 있고, 이들은 대부분 고체, 액체, 기체 중에서 한 가지 상태로 존재해요. 예를 들면 얼음과 암석은 고체 상태이고, 물과 우유는 액체 상태이며, 수증기와 공기는 기체 상태예요.

고체, 액체, 기체 상태의 물질들은 서로 다른 특징을 가지고 있어요. 고체는 모양과 부피가 일정하고, 흐르지 않아요. 또한, 잘 압축되지 않으며 단단하지요. 고체에는 얼음, 소금, 설탕, 드라이아이스 등이 있어요.

액체는 담는 용기에 따라 모양이 달라지지만 부피가 일정해요. 흐르는 성질이 있으며, 잘 압축되지 않아요. 물, 바닷물, 에탄올, 아세톤, 식초, 식용유 등은 모두 액체예요.

기체는 담는 용기에 따라 모양이 달라지고, 온도와 압력에 따라 부

고체는 용기에 상관없이
모양과 부피가 일정해!

액체는 부피는 일정하고
담는 용기에 따라 모양이 달라!

기체는 담는 용기에
따라 모양과 부피가
일정하지 않아!

피가 쉽게 변해요. 또한, 흐르는 성질이 있으며 압축이 잘 되는 특징이 있어요. 기체에는 수증기, 헬륨, 산소, 이산화 탄소, 공기 등이 있어요.

물질의 상태와 입자 배열

주사기에 물과 공기를 각각 넣고 피스톤을 누르면 물은 부피 변화가 거의 없지만 공기는 부피가 쉽게 변해요. 이것은 물과 공기의 입자 배열과 관련이 있어요. 공기는 기체 상태이며 입자 사이의 거리가 매우 멀어요. 그래서 입자 사이의 빈 공간이 매우 커 쉽게 압축할 수 있어요. 반면에 물은 액체 상태이며 입자 사이의 거리가 비교적 가까워서 기체보다 빈 공간이 없으므로 거의 압축되지 않아요.

물질의 상태에 따라 특징이 다른 이유는 각 상태를 이루는 물질의 입자 사이의 배열이 다르기 때문이에요.

고체는 입자들이 매우 규칙적으로 배열되어 있고, 입자 사이의 거리가 매우 가까워서 입자들이 제자리에서 진동 운동만 해요. 그래서 모양과 부피가 일정한 것이에요.

액체는 고체보다 입자들이 조금 불규칙하게 배열되어 있어요. 그리고 고체에 비해 입자 사이의 거리가 조금 멀어서 입자들이 자유롭게 운동할 수 있어요. 그래서 부피는 일정해도 용기에 따라 모양이 변할 수 있

▲ 물질의 상태에 따른 입자 배열

는 것이에요.

반면에 기체는 입자들이 매우 불규칙하게 배열되어 있어서 고체나 액체에 비해 입자 사이의 거리가 매우 멀며 자유롭게 운동할 수 있어요. 그래서 모양과 부피가 일정하지 않아요.

특히 기체는 온도가 높아지면 부피가 커지고, 기체에 작용하는 압력이 커지면 부피가 작아지기 때문에 기체의 부피는 온도와 압력을 함께 표시해 주어야 해요.

 과학 선생님 @Chemistry

Q. 고체가 한다는 진동 운동은 무엇인가요?

진동 운동은 고정된 위치에서 입자 사이의 결합 길이가 늘었다 줄었다 하는 운동을 뜻해요. 입자들 사이에 용수철을 연결해 놓은 것처럼 입자 사이의 거리가 늘었다 줄었다 하는 모습을 떠올리면 돼요. 마치 제자리에서 바들바들 떨고 있는 모습이라고 할 수 있어요.

#바들바들 #너_떨고있니? #아니 #진동운동 #하는_건데? #고체

📋 개념체크

1 물질의 세 가지 상태 중 모양과 부피가 일정한 물질의 상태는?
2 입자들이 매우 불규칙하게 배열되어 있으며, 입자 운동이 매우 활발한 물질의 상태는?

📖 1. 고체 2. 기체

06 여러 가지 물질의 상태 변화

열을 받으면 상태가 변한다고?

화학

여름철에 초콜릿을 먹으려고 포장을 뜯었을 때 초콜릿이 녹아 손에 묻은 경험이 있을 거예요. 이럴 때 녹은 초콜릿을 냉장고에 넣어 두면 다시 딱딱하게 굳어져요. 초콜릿의 모양이 바뀌는 것은 무엇과 관계가 있을까요?

상태 변화

고체 상태인 얼음은 녹아 액체 상태인 물이 될 수 있고, 액체 상태인 물은 증발하여 기체 상태인 수증기가 될 수 있어요. 이처럼 물질은 어느 한 가지 상태로만 존재하지 않고 다른 상태로 변할 수 있는데, 이를 **상태 변화**라고 해요. 물질은 온도와 압력에 따라 상태가 변할 수 있어요. 주로 온도에 따라 상태가 변해요. 우리 주변에서 관찰할 수 있는 여러 가지 상태 변화를 살펴볼까요?

융해와 응고

고체 상태인 아이스크림을 따뜻한 곳에 두면 아이스크림이 녹아 액체 상태가 되지요? 이처럼 고체가 액체로 상태가 변하는 현상을 **융해**라고 해요. 융해 현상으로는 얼음이 녹아서 물이 되는 것, 프라이팬에서 버터가 녹는 것, 용광로에서 철을 녹이는 것, 양초가 녹아서 촛농이 되는 것 등이 있어요.

한편, 추운 겨울에 물이 얼어 고드름이 되는 것처럼 액체가 고체로 상태가 변하기도 하는데, 이러한 현상을 **응고**라고 해요. 응고의 예로는 흘러내리던 촛농이 굳는 것, 액체 설탕을 굳혀 솜사탕을 만드는 것, 뜨거운 고깃국이 식으면서 기름이 굳는 것 등이 있어요.

기화와 액화

젖은 빨래를 널어 두면 빨래가 마르는데, 이것은 빨래에 있던 액체 상태의 물이 기체 상태인 수증기로 변하여 날아가기 때문이에요. 이처럼 액체가 기체로 상태가 변하는 현상을 **기화**라고 해요. 물을 계속 끓이면 물이 줄어들고, 수채화 물감으로 그림을 그리면 금방 마르는데, 이러한 예들이 기화예요.

한편, 이른 새벽에 풀잎을 보면 이슬이 맺힌 것을 볼 수 있는데, 이것은 공기 중에 있던 기체 상태의 수증기가 냉각되어 풀잎에서 액체 상태인 물로 변한 것이에요. 이처럼 기체가 액체로 상태가 변하는 현상을 **액화**라고 해요. 추운 날씨에 집에 있다가 밖에 나가면 안경에 김이 서리거나, 욕조에 물을 받아 목욕할 때 욕실 천장에 물방울이 맺히는 것 등도 액화 현상이에요.

승화

아이스크림을 포장할 때 드라이아이스를 넣어 주지요? 드라이아이스는 고체 상태의 이산화탄소로, 시간이 지나면 액체 상태를 거치지 않고 곧바로 기체 상태인 이산화 탄소로 변해요. 이처럼 고체가 기체 상태로 변하는 현상을 **승화**라고 해요. 옷장 속에 나프탈렌을 넣어 두면 몇 달 뒤에 나프탈렌이 사라지고 없는 것을 볼 수 있어요. 이것도 나프탈렌이 기체로 승화한 것이에요.

추운 겨울에 유리창에 성에가 생기는 이유는 무엇일까요? 이것은 공기 중에 있던 기체 상태의 수증기가 차가운 유리창 표면에서 냉각되면서 액체 상태를 거치지 않고 곧바로 고체 상태인 얼음으로 변했기 때문이에요. 이처럼 기체가 액체 상태를 거치지 않고 곧바로 고체로 상태가 변하는 현상도 승화라고 해요. 냉동실의 성에나 늦가을 새벽녘에 내리는 서리도 기체에서 고체로 변한 승화 현상이에요.

 과학 선생님 @Chemistry

Q. 승화하는 물질에는 어떤 것이 있나요?

일반적으로 1기압, 25 ℃의 상온에서 고체에서 기체로 승화하는 물질을 승화성 물질이라고 해요. 승화성 물질로는 드라이아이스, 나프탈렌, 아이오딘 등이 있어요. 그리고 승화성 물질은 아니지만 추울 때는 얼음도 승화할 수 있어요. 언 빨래가 마르거나 유리창에 성에가 끼는 것은 각각 얼음과 수증기가 승화하는 예라고 할 수 있어요.

승화성_물질 # 기체에서 # 곧바로_고체 # 고체에서 # 곧바로_기체

상태 변화에 따른 입자 배열의 변화

그림과 같이 지퍼백에 에탄올을 조금 넣고 지퍼를 잠그면 얼마 후 지퍼백이 부풀어요. 이것은 에탄올이 기화하면서 부피가 증가하기 때문

이에요. 즉, 융해(고체 → 액체), 기화(액체 → 기체), 승화(고체 → 기체)가 일어나는 동안 입자 운동이 활발해지면서 입자들이 점차 불규칙하게 배열돼요. 이때 입자 사이의 거리가 멀어지면서 부피가 늘어나요. 반대로 응고(액체 → 고체), 액화(기체 → 액체), 승화(기체 → 고체)가 일어나는 동안에는 입자 운동이 느려지면서

입자들이 점차 규칙적으로 배열돼요. 이때 입자 사이의 거리가 가까워지면서 부피는 줄어들어요.

일반적으로 고체<액체<기체 순으로 부피가 증가하지만 물은 예외예요. 물을 제외한 대부분의 물질은 응고할 때 입자 배열이 규칙적으로 변해요. 이로 인해 입자 사이의 거리가 가까워지면서 부피가 줄어들어요. 물은 물(액체)<얼음(고체)<수증기(기체) 순으로 부피가 증가해요. 물은 응고할 때 입자들이 육각형 구조를 이루면서 입자 사이에 빈 공간이 많아져 오히려 부피가 늘어나요. 추운 겨울에 수도관이 얼어서 터지는 것도 바로 이 때문이에요.

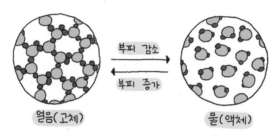

▲ 얼음의 융해와 물의 응고 시 부피 변화

물질의 상태가 변하는 동안 물질의 성질도 변할까요? 물질의 성질은 변하지 않아요. 그 이유는 상태가 변하는 동안 물질을 이루는 입자의 종류가 변하지 않기 때문이에요. 또한, 물질의 상태가 변하는 동안 질량도 변하지 않는데, 상태가 변하는 동안 물질을 이루는 입자의 종류와 개수가 변하지 않기 때문이에요.

탐구 STAGRAM

 물의 상태 변화에 따른 성질 변화 관찰

Science Teacher

 화학

① 비커에 물을 넣고 푸른색 염화 코발트 종이를 대어 본다.
② 얼음을 담은 시계 접시를 비커 위에 올려놓고 물을 가열한다.
③ 시계 접시 아래쪽에 맺힌 액체에 푸른색 염화 코발트 종이를 대어 본다.

🎯 좋아요 ❤   #기화 #액화 #푸른색_염화코발트_종이

....

 이 실험은 무엇을 알아보기 위한 것인가요?

└ 물의 상태가 변하는 동안 물의 성질이 변하는지 알아보는 것이에요.

 어떤 변화가 생기나요?

└ 비커에 담긴 물과 가열하여 기화되었다가 다시 액화된 물에 각각 푸른색 염화 코발트 종이를 대어 보면 염화 코발트 종이가 모두 붉게 변해요. 즉, 상태가 변화해도 물의 성질이 변하지 않는다는 것을 알 수 있어요.

 염화 코발트 종이는 어떤 용도인가요?

└ 염화 코발트 종이는 건조한 상태에서는 푸른색을 띠지만, 물을 흡수하면 붉은색으로 변해요. 그래서 어떤 혼합물에서 물을 검출할 때 사용해요.

 | 새로운 댓글을 작성해 주세요. | 등록 |

✏️ **이것만은!** • 상태가 변하는 동안 입자 사이의 거리와 입자 배열이 달라지므로 부피가 변한다.
• 상태가 변하는 동안 입자의 종류와 개수가 변하지 않으므로 성질과 질량은 변하지 않는다.

07 상태 변화에서의 온도

녹거나 얼거나 끓을 때 온도가 일정하다고?

얼음이 녹아 물이 되는 동안 얼음과 물 중 어떤 것의 온도가 더 낮을까요? 둘 다 온도가 같아요. 왜 그럴까요?

녹는점

얼음을 가열하여 물이 되는 동안의 온도 변화를 그래프로 나타내면 아래 그림과 같아요.

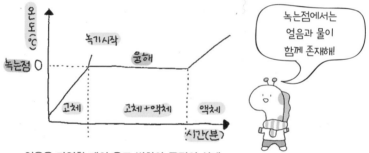

▲ 얼음을 가열할 때의 온도 변화와 물질의 상태

먼저 얼음을 가열하면 온도가 서서히 높아져요. 그러다가 얼음의 온도가 0 °C가 되어 얼음이 녹기 시작하면, 온도는 더 이상 올라가지 않고 일정하게 유지돼요. 이처럼 고체가 녹아 액체로 상태 변화(융해)하는 동안 일정하게 유지되는 온도를 녹는점이라고 해요. 얼음의 녹는점은 0 °C이며, 녹는점에서는 얼음과 물이 함께 존재해요. 그리고 얼음이 모두 녹아 물이 된 이후에는 다시 온도가 올라가요. 이렇게 온도가 일정한 구간이 생기는 이유는 얼음에 가해지는 열이 온도를 올리는 데 사용되지 못하고 상태 변화(고체 → 액체)하는 데에만 계속 사용되기 때문이에요.

어는점

물을 냉각시키는 동안의 온도 변화는 어떨까요?

물을 냉각하면 온도가 서서히 낮아져요. 그러다가 물의 온도가 0 ℃가 되어 물이 얼기 시작하면, 온도가 더 이상 낮아지지 않고 일정하게 유지돼요. 이처럼 액체가 얼어 고체로 상태 변화(응고)하는 동안 일정하게 유지되는 온도를 어는점이라고 해요. 물의 어는점은 0 ℃이며, 어는점에서 물과 얼음은 함께 존재해요.

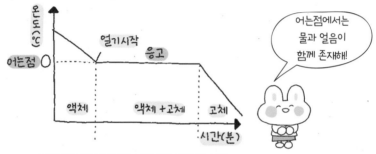

▲ 물을 냉각할 때의 온도 변화와 물질의 상태

얼음이 융해하거나 물이 응고되는 구간에서는 상태 변화가 일어나는 중이므로 고체와 액체가 함께 존재해요. 또, 얼음이 융해하는 온도와 얼음이 응고하는 온도는 0 ℃로 같아요. 이처럼 순수한 물질의 경우 물질의 상태 변화에서 녹는점과 어는점은 서로 같아요.

녹는점과 어는점에서의 입자의 운동을 살펴볼까요? 고체를 가열하면 규칙적으로 배열되어 있던 입자들이 활발히 운동하면서 고체의 일부가 액체로 변하기 시작해요. 계속 가열하면 액체인 상태에서 온도가 높아지면서 입자 배열이 불규칙하고 입자의 운동은 더 활발해지죠.

반대로 액체를 냉각하면 불규칙하게 배열되어 있던 입자들의 운동이 둔해지면서 액체의 일부가 고체로 변하기 시작해요. 액체가 모두 고체로 변한 다음에도 계속 냉각하면 고체인 상태에서 온도가 낮아지면서 입자 배열이 규칙적이고 입자의 운동은 더 둔해져요.

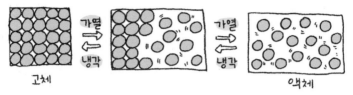

▲ 고체가 액체로, 액체가 고체로 될 때 입자 배열의 변화

끓는점

물을 가열하면 온도가 서서히 높아지다가 물의 온도가 100 °C가 되어 물이 끓기 시작하면, 온도가 더 이상 올라가지 않고 일정하게 유지돼요. 이처럼 액체가 끓어 기체로 상태 변화(기화)하는 동안 일정하게 유지되는 온도를 끓는점이라고 해요. 물의 끓는점은 100 °C이며, 끓는점에서는 물과 수증기가 함께 존재해요. 그리고 물이 다 끓어 완전히 수증기가 된 이후에는 다시 온도가 올라가요.

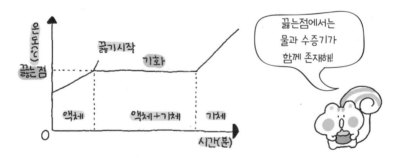

액체를 가열하면 불규칙하게 배열되어 있던 입자들의 운동이 매우 활발해지면서 액체의 일부가 기체로 변하기 시작하고, 액체가 모두 기체로 변한 다음 계속 가열하면 기체인 상태에서 온도가 높아지면서 입자배열이 더욱 불규칙해지고 입자의 운동은 매우 활발해져요.

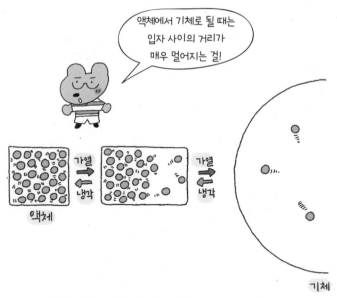

▲ 액체가 기체, 기체가 액체로 될 때 입자 배열의 변화

　또한, 고체에서 기체로 승화가 일어날 때에는 입자 배열이 불규칙해지고, 입자의 운동이 활발해져요. 반대로 기체에서 고체로 승화가 일어날 때에는 입자 배열이 규칙적으로 변하며, 입자 운동이 둔해져요.

　이와 같이 물질의 입자 배열과 입자의 운동이 달라지면 상태가 변하고, 상태가 변하는 동안에는 온도가 일정하게 유지되지요.

물질의 상태가 변하는 동안에는 온도 일정

🛫 개념체크

1　고체가 녹을 때 일정하게 유지되는 온도는?
2　액체가 끓을 때 일정하게 유지되는 온도는?

답 1. 녹는점　2. 끓는점

탐구 STAGRAM

에탄올을 가열할 때의 온도 변화

Science Teacher

① 가지 달린 시험관에 에탄올 약 20 mL와 끓임쪽 2~3개를 넣는다.

② 오른쪽 그림과 같이 장치한다.

③ 에탄올을 물중탕으로 가열하면서 1분 간격으로 온도를 측정한다.

④ 에탄올이 끓기 시작한 후에도 3~4분 정도 더 가열하면서 온도를 측정한다.

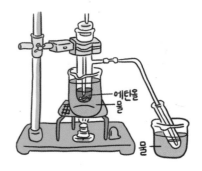

🎯 좋아요 ♥

#물중탕 #에탄올 #끓는점

 실험 결과는 어떻게 나타나나요?

 에탄올이 끓는 동안 온도가 일정(78 ℃)하게 유지돼요.

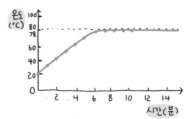

 물중탕을 하는 이유는 무엇인가요?

 에탄올은 과열되면 불이 붙을 수 있어요. 그래서 물속에서 에탄올이 끓을 수 있게 물중탕을 하면 물의 끓는점인 100 ℃ 이상으로 온도가 올라가지 않아 에탄올의 과열을 방지할 수 있어요.

 끓임쪽은 무엇인가요?

 끓임쪽은 에탄올이 갑자기 끓어 넘치지 않도록 하기 위해 넣는 돌이나 유리 조각이에요.

 새로운 댓글을 작성해 주세요. [등록]

✏️ **이것만은!** • 상태가 변하는 동안 온도가 일정하게 유지된다.

• 끓는점은 액체 상태에서 기체 상태로 변할 때의 온도이다.

08 상태 변화와 열에너지 출입

상태가 변할 때 열을 흡수하거나 방출해!

종이로 만들어진 냄비로 라면을 끓일 수 있다는 것을 알고 있나요? 실제로 우유팩에 물을 붓고 가열해도 종이가 타지 않아요. 종이가 타지 않는 이유는 무엇일까요?

열에너지를 흡수하는 상태 변화

물체의 온도를 높이거나 물질의 상태를 변화시키는 원인으로 작용하는 에너지의 한 형태를 **열에너지**라고 해요. 물질의 상태가 변하는 동안 물질이 열에너지를 흡수하거나 방출하면 주변의 온도가 변해요. 특히 물질이 주변의 열에너지를 흡수하면 주변은 열에너지를 잃어 온도가 낮아지고, 물질이 주변으로 열에너지를 방출하면 주변은 열에너지를 얻어 온도가 높아져요.

수영을 하고 물 밖으로 나왔을 때 추위를 느낀 경험이 있나요? 이것도 열에너지와 관련이 있어요. 물이 수증기로 기화하면서 주변의 열에너지를 흡수하여 우리 몸이 열에너지를 잃기 때문이에요. 이처럼 **기화할 때 흡수하는 열에너지를 기화열**이라고 해요. 분수 근처에 있을 때 시원하게 느껴지는 것은 분수의 물방울이 기화하면서 열을 흡수하기 때문이에요. 더운 여름에 부채질을 하면 시원해지는 것도 땀이 증발하면서 몸의 열을 흡수하기 때문이지요.

너무 추워..
물에게 열을 빼앗기기 전에
어서 물기를 닦아야겠어!

액체에서 기체로 기화할 때뿐만 아니라 고체에서 액체로 융해할 때도 물질은 열에너지를 흡수해요. 이때의 열에너지를 융해열이라고 해요.

아이스크림을 먹으면 시원한 느낌이 들죠? 이것은 아이스크림이 녹으면서 입 안의 열을 흡수하여 입 안이 시원해지기 때문이에요. 또, 음료수와 얼음을 넣으면 음료수가 곧 차가워지는데, 이것도 얼음이 녹으면서 열을 흡수하기 때문이에요.

한편, 고체가 기체로 승화할 때 흡수하는 열에너지를 승화열이라고 해요.

아이스크림을 포장할 때 드라이아이스를 함께 넣으면 드라이아이스가 승화하면서 열을 흡수하여 아이스크림이 녹지 않는 것이에요. 드라이아이스의 승화열은 공기 중의 수증기를 안개로 만들어 무대 효과를 만드는 데도 쓰여요.

앞에서 물질이 녹거나 끓는 동안 온도가 높아지지 않고 일정하게 유지된다고 하였지요? 이것은 가해 준 열에너지가 상태 변화에 사용되었기 때문이에요.

열에너지를 방출하는 상태 변화

무더운 여름철에 냉방이 잘되는 곳에 있다가 밖으로 나오면 후텁지근한 더위가 느껴지죠? 이것은 공기 중의 수증기가 차가운 피부 표면에 닿아 물로 액화하면서 방출된 열에너지가 우리 피부로 전달되기 때문이에요. 이처럼 액화할 때 방출하는 열에너지를 액화열이라고 해요. 액화열을 방출하는 예로는 뜨거운 물로 목욕할 때 수증기가 액화되어 욕실 전체가 후텁지근해지는 것을 들 수 있어요. 우리 주변에서 많이 쓰이는 스팀 난방법도 수증기가 액화할 때 방출되는 열을 이용한 것이에요.

기체에서 액체로 액화할 때뿐만 아니라 액체에서 고체로 응고할 때도 에너지가 방출되는데, 이 에너지를 **응고열**이라고 해요.

한편, 기체가 고체로 승화할 때 방출하는 열에너지를 **승화열**이라고 하는데, 겨울철 눈이 내리기 전에 포근하게 느껴지는 것은 수증기가 눈으로 승화하면서 열을 방출하기 때문이에요.

결과적으로 기체가 액체로, 액체가 고체로, 기체가 고체로 변할 때 열에너지를 방출하면서 입자 운동이 둔해져요. 그리고 입자 배열이 규칙적으로 변하고 입자 사이의 거리가 가까워져요. 반대의 경우는 예상할 수 있겠죠?

융해, 기화, 승화(고체→기체)가 일어날 때는 융해열, 기화열, 승화열을 흡수하고 응고, 액화, 승화(기체→고체)가 일어날 때는 응고열, 액화열, 승화열을 방출해요!

상태 변화 시 출입하는 열에너지의 이용

우리는 생활에서 물질의 상태가 변할 때 흡수하거나 방출하는 열에너지를 다양하게 이용하고 있어요. 대표적인 것이 냉난방기예요.

여름철에 사용하는 에어컨에는 냉매가 들어 있는데, 실내기 안에 있는 증발기에서 이 액체 냉매가 기화하여 열에너지를 흡수하면서 공기가 시원해지는 원리예요. 이때 기체가 된 냉매는 실외기 안에 있는 응축기에서 액화하여 열에너지를 방출해요. 그래서 실외기에서 더운 바람이 나오는 것이에요.

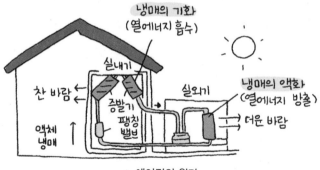
▲ 에어컨의 원리

겨울철에 사용하는 증기 난방기는 에어컨의 원리와 반대예요. 증기 난방기의 보일러에서 물을 끓이면 물이 기화하여 수증기가 돼요. 이 수증기는 실내에 있는 증기 난방기로 이동하고, 이곳에서 수증기가 물로 액화하면서 방출하는 액화열 덕분에 실내를 따뜻하게 할 수 있는 것이에요.

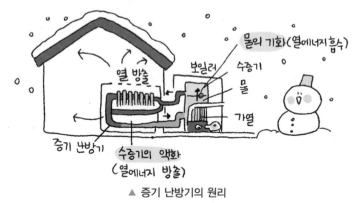
▲ 증기 난방기의 원리

🔖 개념체크

1 액체가 기체로 변할 때 흡수하는 열에너지는?
2 기체가 액체로 변할 때 방출하는 열에너지는?

📖 1. 기화열 2. 액화열

원소

원소는 물질을 이루는 기본 성분이야!

장난감 블록으로 만든 집을 자세히 살펴보면 여러 가지 색깔의 크고 작은 블록들이 모여 이루어진 것을 알 수 있어요. 수많은 물질이 모여 또 다른 물질을 만들고, 세상을 만든 것이지요. 그렇다면 물질을 이루는 것은 무엇일까요?

물질관의 변화

고대 그리스의 철학자인 탈레스는 만물의 근원은 물이며, 모든 생명체에 물이 들어 있다는 1원소설을 주장했어요. 또 다른 고대 그리스 철학자인 엠페도클레스는 물, 불, 공기, 흙 이렇게 네 가지가 물질의 근원이며, 네 가지 물질이 섞여 여러 가지 물질이 된다는 4원소설을 주장했어요. 그 후 아리스토텔레스는 만물은 물, 불, 흙, 공기로 이루어져 있으며, 이 네 가지 물질의 따뜻함, 차가움, 건조함, 습함의 성질이 서로 바뀔 수 있다고 하며, 엠페도클레스의 4원소설을 발전시켰어요.

아리스토텔레스의 4원소설은 이후 중세까지 서양의 과학 철학에 큰 영향을 주었어요. 특히 중세 시대에 연금술사들은 4원소를 조합하면 새로운 물질을 만들 수 있다는 아리스토텔레스의 주장을 근거로 값싼 금속으로 금을 만들려고 노력했어요. 이 연구를 연금술이라고 하는데, 연금술은 결국 실패하고 말았어요. 하지만 연금술은 여러 가지 실험 기구와 시약을 개발하는 등 화학 발전에 크게 기여했어요.

근대로 넘어가면서 프랑스의 과학자 라부아지에가 물을 매우 높은 온도로 가열하여 분해하면 다른 물질로 분해된다는 사실을 실험으로 알아냈어요. 이것은 물이 물질을 이루는 기본 성분이라고 주장한 아리스토 텔레스의 생각이 잘못되었음을 증명하는 계기가 되었어요.

원소

물을 분해하면 수소와 산소로 나누어져 요. 그런데 수소와 산소는 더 이상 분해되지 않아요. 이처럼 다른 물질로 분해되지 않으면서 물질을 이루는 기본 성분을 **원소**라고 해요. 원소는 더 이상 다른 물질로 나누

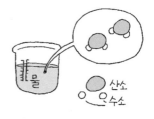

어지지 않으며 다른 원소로 바뀌지 않아요. 값싼 금속으로 금을 만들려고 했던 연금술이 실패하게 된 이유도 원소의 이러한 성질 때문이지요.

원소는 금속 원소와 비금속 원소로 나눌 수 있어요. **금속 원소**는 특유의 광택이 있고, 녹는점과 끓는점이 높아 주로 실온에서 고체로 존재해요. 또, 전기와 열이 잘 통하는 특징이 있고 외부에서 힘을 가하면 넓게 펴지거나 길게 늘어나는 성질이 있어요. 금속 원소로는 철, 구리, 은 등이 있어요. **비금속 원소**는 대부분 전기와 열이 잘 통하지 않고, 외부에서 힘을 가하면 부서지는 특징이 있어요. 비금속 원소로는 수소, 산소, 탄소, 염소 등이 있어요.

이러한 원소들이 모여 세상의 모든 물질을 구성하는 것이에요.

 과학 선생님 @Chemistry

Q. 원소는 몇 개나 되나요?

물질을 구성하는 원소로는 금, 은, 철, 수소, 산소, 탄소 등이 있으며, 현재 118가지 정도가 알려져 있어요. 이 중에서 90여 가지는 자연에서 발견된 것이고, 나머지 20여 가지는 인공적으로 만든 것이에요.

#원소 #들어_봤니? #인공적으로 #원소를_만들다니

원소의 구별

밤하늘을 아름답게 수놓는 불꽃놀이를 본 적이 있나요? 다양한 색깔의 불꽃이 아름다움을 뽐내고 있죠. 다양한 색깔의 불꽃을 내는 것은 폭죽 속에 화약과 함께 다양한 색의 빛을 내는 물질이 들어 있기 때문이에요. 우리 생활에서도 이러한 현상을 볼 수 있어요.

요리를 하다가 국이나 찌개가 넘치면 가스레인지의 불꽃이 노란색으로 변하는 것을 관찰할 수 있는데, 이것도 국이나 찌개에 포함된 물질 때문에 나타나는 것이에요.

일부 금속이나 금속 원소를 포함한 물질을 겉불꽃에 넣으면 금속 원소의 종류에 따라 독특한 불꽃색이 나타나는데, 이것을 **불꽃 반응**이라고 해요. 불꽃 반응을 이용하면 서로 다른 물질이라도 물질 속에 포함된 금속 원소의 종류를 알아낼 수 있어요. 불꽃 반응은 실험 방법이 간단하고, 물질 속에 적은 양의 금속 원소가 포함되어 있어도 불꽃의 색깔이 잘 나타나는 특징이 있어요.

▼ 여러 가지 원소의 불꽃색

원소	불꽃색	원소	불꽃색
나트륨	노란색	구리	청록색
리튬	빨간색	칼륨	보라색
스트론튬	빨간색	칼슘	주황색

그런데 불꽃색이 잘 나타나지 않거나 리튬과 스트론튬처럼 불꽃색이 비슷한 경우에는 원소의 종류를 구분하기가 쉽지 않아요. 이때에는 불꽃을 직접 눈으로 관찰하는 대신 분광기로 관찰하면 여러 가지 색의 띠를 볼 수 있어요. 이처럼 빛을 분광기에 통과시킬 때 나타나는 여러 가지 색깔의 띠를 **스펙트럼**이라고 해요.

햇빛이나 형광등의 빛을 분광기로 관찰하면 무지개와 같은 연속적인 색의 띠가 나타나는 것을 **연속 스펙트럼**이라고 하고, 원소의 불꽃색처럼 특정 위치에 몇 개의 밝은 선이 나타나는 것을 **선 스펙트럼**이라고 해요. 리튬과 스트론튬의 불꽃색은 비슷하지만, 스펙트럼에 나타난 선의 색깔이나 위치, 개수, 굵기가 서로 달라 두 원소를 구별할 수 있어요.

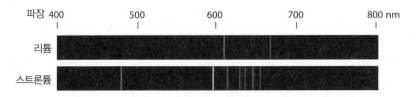

이처럼 원소에 따라 선 스펙트럼에서 나타나는 선의 위치, 색깔, 굵기, 수 등이 다르기 때문에 선 스펙트럼을 이용하면 불꽃 반응으로 구별할 수 없는 원소들도 구별할 수 있어요. 특히 여러 가지 원소가 섞여 있는 물질이라도 각 원소의 고유한 선 스펙트럼이 모두 나타나므로 원소의 종류를 구별하는 데 매우 유용해요.

 과학 선생님 @Chemistry

Q. 분광기는 무엇인가요?

빛을 파장에 따라 분리하여 관찰하는 기구예요. 분광기의 한쪽 끝에는 가는 틈이 있고 반대쪽에는 둥근 구멍이 있어요. 가는 틈은 빛이 나는 대상을 향하게 하고, 둥근 구멍에 눈을 대면 빛이 분산되어 나타나는 스펙트럼을 관찰할 수 있어요.

#무지개도 #스펙트럼의 #한_종류 #빛은 #여러 #색깔을 #가지고_있지

개념체크

1 물질을 이루는 기본 성분은?
2 금속 원소를 포함한 물질에 불을 붙였을 때, 독특한 불꽃색이 나타나는 반응은?

답 1. 원소 2. 불꽃 반응

탐구 STAGRAM

 전기를 이용한 물 분해 실험

Science Teacher

화학

① 실리콘 마개로 막은 빨대를 그림과 같이 장치하여 빨대에 각각 침핀을 꽂고, 9
V 전지와 연결한 후 빨대 안에 기체가 모이는 것을 관찰한다.

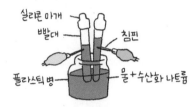

② 기체가 모이면 각각의 빨대에서 마개를 열고 성냥불을 가까이 가져가 대어 본다.

🎯 좋아요 ♥   #물분해 #수산화나트륨 #수소기체 #산소기체

 어떤 결과가 나타나나요?

 (+)극에 모인 기체는 성냥불을 가까이 가져가면 불꽃이 커져요. 이것
으로 (+)극에서 산소가 발생하는 것을 알 수 있어요. (−)극에 모인 기
체는 성냥불을 가까이 가져가면 '퍽' 하는 소리를 내며 타요. (−)극에
서는 수소가 발생하는 것이에요. 이때 발생하는 수소의 부피는 산소
부피의 2배예요.

 이 실험은 어떤 의미가 있나요?

 물이 수소와 산소로 나누어지므로 물은 원소가 아님을 알 수 있어요.

 물을 분해할 때 왜 수산화 나트륨을 넣나요?

 순수한 물은 전류가 흐르지 않기 때문에 수산화 나트륨과 같은 물질
을 조금 녹이면 물에 전류가 흘러 물을 전기로 분해할 수 있어요.

 | 새로운 댓글을 작성해 주세요. | 등록 |

✏️ **이것만은!** • 원소는 더 이상 나누어지지 않는 물질의 기본 성분이다.

• 물은 수소와 산소로 분해되므로 원소가 아니다.

10 원자

원자는 물질을 구성하는 입자, 원소는 원자의 종류!

식빵을 계속 자르면 어떻게 될까요? 우리 주변에 있는 물질을 쪼개다 보면 더 이상 쪼개지지 않는 입자가 남을까요? 아니면 무한히 쪼개질까요?

원자설

고대 그리스의 철학자인 아리스토텔레스는 물질을 계속 쪼개면 결국 없어지며, 물질 사이에 빈 공간이 존재하지 않는다고 주장했어요. 반면에 데모크리토스는 물질을 쪼개다 보면 더 이상 쪼갤 수 없는 입자가 있고, 입자 사이에 빈 공간(진공)이 존재한다고 주장했어요.

1803년 영국의 과학자 돌턴은 여러 가지 실험 사실을 설명하기 위해 '모든 물질은 더 이상 쪼개지지 않는 원자로 구성되어 있다.'라는 **원자설**을 제안했어요.

(1) 물질은 더 이상 쪼갤 수 없는 원자로 되어 있다.	원자 □X➡
(2) 원자의 종류가 같으면 크기와 질량이 같고, 원자의 종류가 다르면 크기와 질량이 다르다.	수소 원자 수소 원자 수소 원자 산소 원자
(3) 원자는 없어지거나 새로 생기지 않으며, 다른 종류의 원자로 변하지 않는다.	□X➡ □X➡ 철 금
(4) 서로 다른 원자들이 일정한 비율로 결합하여 새로운 물질을 만든다.	철 황 + ➡ 황화 철

그러나 그 이후에 과학자들이 원자를 구성하는 더 작은 입자들이 있다는 것을 밝혔어요.

 과학 선생님 @Chemistry

Q. 원소와 원자를 어떻게 구분하나요?

사과 2개, 귤 1개, 바나나 3개의 과일이 들어 있는 바구니가 있다고 생각해 보세요. 이때 과일의 종류를 원소에 비유한다면 셀 수 있는 각각의 과일이 원자에 해당해요. 이처럼 원소는 같은 종류의 원자들을 총칭하여 부르는 집합의 개념이고, 원자는 원소를 이루는 기본 입자예요.

#이름이 #뭐냐고 #물으면 #원소를_말해 #이럴_때 #쓰는_거야

원자

모든 물질은 기본 성분인 원소로 이루어져 있고, 모든 원소는 그 물질을 구성하는 기본 단위 입자인 **원자**로 이루어져 있어요. 원자는 매우 작아서 눈으로 볼 수 없고, 1 m를 100억 등분한 아주 작은 크기를 볼 수 있는 전자 현미경으로 관찰할 수 있어요. 고성능 현미경을 이용하여 금의 표면을 확대해서 보면 작은 알갱이들이 규칙적으로 배열된 것을 볼 수 있는데, 이 작은 알갱이 하나하나가 금을 이루는 금 원자예요.

원자는 종류에 따라 크기가 조금씩 다르지만, 원소 중에서 가장 작은 수소 원자는 지름이 약 $\dfrac{1}{1억}$ cm예요. 즉, 수소 원자 1억 개를 한 줄로 늘어놓으면 전체 길이가 1 cm가 된다고 할 수 있어요. 또, 원자의 크기를 1억 배로 확대하면 탁구공 정도의 크기라고 할 수 있어요. 탁구공을 1억 배로 확대하면 지구 정도의 크기라고 할 수 있으니 원자의 크기가 얼마나 작은지 가늠할 수 있겠죠?

돌턴의 원자설에서 원자는 더 이상 쪼개지지 않는 가장 작은 입자라고 했어요. 그러나 과학 기술의 발달로 원자는 쪼갤 수 있으며, 원자보다 더 작은 입자들이 있다는 사실이 밝혀졌어요. 원자는 (+)전하를 띠는 **원자핵**과 (−)전하를 띠는 **전자**로 구성되어 있으며, 원자핵은 원자의 중심에 위치하고 전자는 원자핵 주위를 빠르게 움직이고 있어요.

원자의 크기를 축구장 크기라고 생각하면 원자핵의 크기는 개미 한 마리 정도의 크기로 매우 작고, 원자의 대부분은 빈 공간이에요. 또, 원자 질량의 대부분을 차지하는 것은 원자핵이에요. 전자는 원자핵 질량의 수천 분의 1 정도로 매우 작은데, 원자핵 주위를 움직이고 있어 전자가 분포한 공간으로 원자의 크기를 간주해요.

전하와 전하량

전하와 전하량을 알고 있나요? **전하**는 전기 현상을 일으키는 원인으로서 (+)와 (−) 두 종류가 있어요. 그리고 **전하량**은 어떤 물체 또는 입자가 띠고 있는 전하의 양을 말해요. (+)전하를 띠는 입자 1개의 전하량을 +1로, 전자 1개의 전하량을 −1로 나타내요.

이제 원자의 전하량을 알아볼까요? 원자의 종류에 따라 원자를 구성하는 원자핵의 (+)전하량이 다르고 전자의 개수도 달라요. 하지만 원자를 구성하는 원자핵의 (+)전하량과 전자들의 총 (−)전하량이 같아서 원자의 전하량은 0이에요. 이런 경우를 '원자는 전기적으로 중성이다.'라고 해요. 예를 들어, 전하량이 +1인 수소 원자핵 주위에는 전하량이 −1

▲ 탄소의 원자 모형

탄소 원자핵의 전하량은 +6, 전자의 총 전하량은 −6이므로 탄소 원자는 전기적으로 중성이야!

인 전자 1개가 있어요. 또한, 전하량이 +6인 탄소 원자핵 주위에는 전하량이 −1인 전자 6개가 있어요. 따라서 수소 원자와 탄소 원자 모두 한 원자의 총 전하량은 0이며, 전기적으로 중성인 것을 알 수 있어요.

원자 모형

원자는 매우 작아 눈으로 직접 볼 수 없어서 원자의 구조를 이해하기 쉽게 그림이나 여러 가지 물체를 이용하여 나타내요. 이것을 원자 모형이라고 해요. 원자 모형은 과학 기술이 발달하면서 새롭게 밝혀진 내용을 바탕으로 만들어져요. 그래서 시대가 변함에 따라 원자 모형도 계속 변하고 있어요.

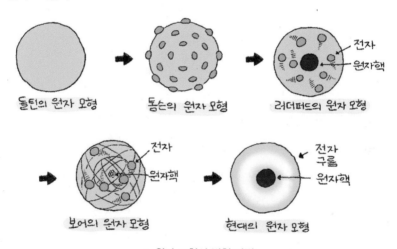

▲ 원자 모형의 변천 과정

개념체크

1 물질을 이루는 기본 입자는?

2 원자에서 (+)전하를 나타내는 입자는?

달 1. 원자 2. 원자핵

11 분자

원자들이 모여 고유한 성질을 갖는 분자가 돼!

우리 주변에 있는 모든 물질이 원자로 이루어져 있다는 것은 알고 있죠? 그렇다면 물질의 성질을 나타내는 기본 입자는 원자일까요? 아니면 다른 입자일까요?

분자

자동차는 자동차를 이루는 많은 부품들이 모두 있어야 비로소 움직이며 제 기능을 할 수 있어요. 여기서 자동차 부품을 원자에 비유한다면 완성된 자동차는 분자라고 할 수 있어요. 여러 개의 부품이 모여 자동차를 만드는 것처럼 여러 개의 원자들이 모여 분자라는 새로운 물질을 만드는 것이에요.

분자는 독립된 입자로 존재하며 물질의 성질을 나타내는 가장 작은 입자예요. 분자는 여러 개의 원자가 단단히 결합하여 만들어지며, 분자가 되면 고유한 성질을 가지게 되지요. 반대로 분자를 쪼개어 다시 원자가 되면 분자가 가지고 있던 본래의 성질을 잃어버려요.

예를 들어, 수소 원자 2개가 결합하여 수소 분자를 이루면, 불을 가까이 가져갔을 때 '퍽' 소리를 내면서 타는 등 수소 기체만의 독특한 성질을 가져요. 그러나 수소 분자를 쪼개어 수소 원자로 만들면 수소 기체의 성질을 잃어버려요. 또한, 수소 원자 2개와 산소 원자 1개가 결합하여 물 분자를 이루면 0 °C에서 얼기 시작하고, 100 °C에서 끓기 시작하는 등 물의 독특한 성질을 나타내요. 그러나 물을 분해해서 수소와 산소로 나누면 이러한 물의 성질을 잃어버려요.

분자는 분자를 이루는 원자의 개수에 따라 일원자 분자, 이원자 분자, 삼원자 분자, 다원자 분자, 고분자로 나눠요.

일원자 분자는 1개의 원자로도 고유한 성질을 나타내는 분자를 말하며 헬륨, 네온, 아르곤 등이 있어요. 2개의 원자로 이루어진 **이원자 분자**에는 수소 원자 2개로 이루어진 수소 분자, 염소 원자 1개와 수소 원자 1개로 이루어진 염화 수소 등이 있어요. 3개의 원자로 이루어진 삼원자 분자에는 어떤 것이 있을까요? 삼원자 분자에는 수소 원자 2개와 산소 원자 1개로 이루어진 물, 탄소 원자 1개와 산소 원자 2개로 이루어진 이산화 탄소 등이 있어요. 그리고 그 이상의 원자가 결합하여 만들어진 **다원자 분자**에는 질소 원자 1개와 수소 원자 3개로 이루어진 암모니아, 탄소 원자 1개와 수소 원자 4개로 이루어진 메테인 등이 있어요. 또한, 무수히 많은 원자들로 이루어진 큰 분자를 **고분자**라고 하는데, 고분자로는 녹말과 단백질 등이 있어요.

이원자 분자(산소)　　삼원자 분자(물)　　다원자 분자(메테인)

그럼 원자와 분자를 어떻게 구분할까요? 예를 들어, 물은 무색무취로 0 ℃에서 얼고, 100 ℃에서 끓는 특징이 있어요. 이러한 물의 성질은 물 분자에서만 나타나요. 물 분자는 산소, 수소의 두 종류의 원소로 이루어져 있고, 산소 원자 1개와 수소 원자 2개로 이루어져 있어요.

분자가 아닌 물질

우리 주변에는 분자로 존재하지 않지만 고유한 성질을 띠는 물질들이 있어요. 예를 들어, 철을 이루는 철 원자들은 규칙적으로 배열되어 있으나 따로 떨어져 독립적으로 존재하지 않아요. 그러나 철은 단단하고, 광택이 있는 성질을 가졌어요.

다이아몬드와 흑연도 마찬가지에요. 이들을 이루는 무수히 많은 탄소 원자들도 규칙적으로 배열되어 있으며, 따로 떨어져 독립적으로 존재하지 않지만 각각의 고유한 성질이 있어요.

다이아몬드는 단단하고 투명하며 예쁜 빛을 반사하는 보석으로 사용하고, 흑연은 검고 잘 부서지는 성질이 있어 연필심으로 사용해요. 이처럼 우리 주변에 있는 금속과 탄소는 분자 형태로 존재하지 않지만 고유한 성질을 가지고 있어요.

또한, 염화 나트륨, 염화 칼륨, 질산 칼륨과 같이 금속 원소와 비금속 원소가 결합하여 규칙적으로 배열된 물질도 분자의 형태는 아니지만 그 물질의 고유한 성질을 가지고 있어요.

 과학 선생님 @Chemistry

Q. 같은 원소로 다른 물질을 만들 수 있나요?

네~ 예를 들어, 산소와 오존은 모두 산소 원소로 이루어져 있어요. 산소 원자 2개가 결합하면 산소 분자가 되고, 산소 원자 3개가 결합하면 오존이 되지요. 산소는 꺼져가는 불씨를 활활 타게 도와주는 성질이 있고, 오존은 장시간 흡입하면 건강에 나쁜 영향을 미치는 성질이 있어요. 또 수소 원자 2개와 산소 원자 1개가 결합하면 물이 되고, 수소 원자 2개와 산소 원자 2개가 결합하면 소독약에 사용하는 과산화 수소가 돼요.

#같은_원소라도 #개수에_따라 #성질이 #천차만별

개념체크

1 물질의 성질을 가지는 가장 작은 입자는?
2 수소 원자 2개와 산소 원자 1개가 결합하여 만들어지는 분자는?

📖 1. 분자 2. 물 분자

12 원소 기호와 분자식

물질은 기호와 숫자로 간단하게 나타낼 수 있어!

다른 나라에서도 신호등이나 도로 표지판을 보면 어디로 가야 하는지, 가지 말아야 하는지 알 수 있을까요? 네, 알 수 있어요. 표지판처럼 간단한 기호는 모든 사람들에게 공통된 메시지를 전달하기 때문이지요. 그러면 우리 주변에 있는 모든 물질과 그 물질을 이루는 원소는 어떻게 표현할 수 있을까요?

원소 기호

도로 위의 표지판처럼 우리는 생활 속에서 여러 가지 약속된 기호를 사용하여 의미를 간편하게 전달할 수 있어요. 마찬가지로 원소도 서로 알아보기 쉬운 간단한 기호로 나타낼 수 있는데, 이것을 원소 기호라고 해요.

고대 이집트인들은 금속 원소를 별에 비유하여 기호로 나타냈고, 이 기호들은 중세의 연금술사들에게도 영향을 미쳤어요. 연금술사들은 자신이 발견한 원소들을 자신만이 알아볼 수 있는 간단한 그림으로 표현하였어요. 그러나 연금술사들마다 표현하는 방법이 서로 달라 원소 기호를 공유하기가 어려웠어요. 이후 1808년 영국의 과학자 돌턴이 둥근 원 안에 알파벳이나 다른 표시를 덧붙여서 원소를 표현했어요. 하지만 발견되는 원소의 개수가 점점 많아지면서 원소들을 모두 표시하기가 어려워졌어요.

이와 같은 어려움을 해결하기 위해 1813년 스웨덴의 과학자 베르셀리우스는 라틴어로 된 원소 이름의 알파벳을 사용하여 원소를 나타내는 방법을 제안했어요. 최근에는 라틴어 이름 외에도 영어나 독일어로 된 원소 이름의 알파벳을 이용해 나타내기도 해요.

베르셀리우스의 원소 기호 표현 규칙
- 원소 이름의 첫 글자를 알파벳 대문자로 나타내요.
- 첫 글자가 같을 때는 중간 글자를 택하여 첫 글자 다음에 소문자로 나타내요.

탄소	원소 이름(라틴어)	원소 기호	염소	원소 이름(라틴어)	원소 기호
	carboneum	C		chlorum	Cl

▼ 여러 가지 원소 기호

원소 이름	원소 기호	원소 이름	원소 기호
수소(hydrogen)	H	알루미늄(aluminium)	Al
헬륨(helium)	He	황(sulfur)	S
리튬(lithium)	Li	염소(chlorine)	Cl
탄소(carbon)	C	칼륨(kalium)	K
질소(nitrogen)	N	칼슘(calcium)	Ca
산소(oxygen)	O	아연(zinc)	Zn
플루오린(fluorine)	F	철(ferrum)	Fe
나트륨(natrium)	Na	은(argentum)	Ag
마그네슘(magnesium)	Mg	아이오딘(iodine)	I

 과학 선생님 @Chemistry

Q. 원소의 이름은 어디서서 유래했나요?

수소(hydrogen)는 그리스어의 '물(hydro)을 만드는(gene) 물질'에서 유래되었고 수은(mercury)은 약 6세기부터 행성인 수성(Mercury)의 이름을 따라 불리기 시작했어요. 또한, 노벨륨(nobelium)과 같이 과학적인 업적이 큰 과학자의 이름을 사용하여 나타내기도 해요. 이처럼 원소의 이름은 물질의 성질, 지명, 신화, 유명한 사람의 이름 등에서 유래되었어요.

\#원소는　\#먼저　\#발견한_사람　\#마음대로　\#나도_한번　\#도전?

분자식

우리 주변의 물질 중에는 한 종류의 원자로 이루어진 물질도 있지만 여러 종류의 원자로 이루어진 복잡한 물질도 있어요. 이 물질들은 원소 기호와 숫자를 사용하면 쉽고 간편하게 나타낼 수 있어요. 이처럼 물질을 이루는 성분 원소를 원소 기호로, 물질을 이루는 원자의 개수를 숫자로 표현한 것을 화학식이라고 해요.

화학식 중에서도 특히 분자를 이루는 원자의 종류와 수를 원소 기호를 사용하여 나타낸 것을 분자식이라고 해요. 분자식으로 나타내면 분자들을 모형으로 쉽게 나타낼 수 있고, 분자의 개수, 분자를 이루는 원자의 종류와 수를 한눈에 알 수 있어요.

예를 들어, 물 분자 4개가 있다면 어떻게 나타낼까요?

먼저 분자를 이루는 원자의 종류를 원소 기호로 써요. 물은 수소와 산소 원자로 이루어졌으니깐 H와 O를 쓰고 물 분자를 이루는 원자의 개수를 원소 기호의 오른쪽 아래에 작은 숫자로 표시해요. 이때 1개일 때는 1을 생략해요. 그리고 분자의 개수는 분자식 앞에 씁니다.

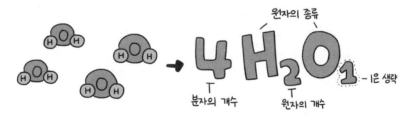

분자 중에서 물, 암모니아, 메테인 등은 오래전부터 쓰였던 이름을 그대로 쓰고 있어요. 그러나 그외의 다른 분자들은 분자식에서 마지막에 오는 원소의 이름 뒤에 '~화'를 붙인 다음, 분자식의 앞쪽에 있는 원소의 이름을 붙여서 읽어요. 단, '~소'로 끝나는 원소는 '소'를 떼고 '~화'를 붙여 읽어요. 예를 들어, HCl은 분자식 끝에 오는 원소가 염소(Cl)이고 앞의 원소가 수소(H)예요. 그러므로 염소에서 '~소' 대신 '~화'를 붙여 '염화'에 '수소'를 붙여 '염화 수소'로 읽어요. CO와 CO_2는 탄소와 결합한 산소의 수를 고려하여 각각 '일산화 탄소', '이산화 탄소'라고 불러요.

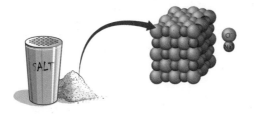

한편, 우리 주변의 물질 중에서는 독립적인 분자 형태로 이루어지지 않은 물질이 있어요. 소금의 주성분인 염화 나트륨 결정은 수많은 원자들이 연속해서 규칙적으로 배열되어 있으므로 분자 한 개를 구성하는 원자의 수를 정해서 표현할 수 없어요.

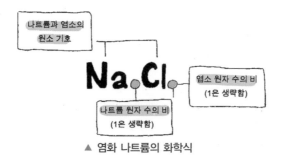

이러한 경우에는 물질을 구성하는 원자의 종류와 개수비를 이용한 화학식으로 나타내요. 염화 나트륨을 화학식으로 표현할 때에는 금속 원소인 나트륨의 원소 기호를 앞에, 비금속 원소인 염소의 원소 기호를 뒤에 써요. 그리고 원자의 개수비를 나타내는 숫자는 원소 기호 오른쪽 아래에 표시해요.

나트륨과 염소의
원소 기호

Na Cl

염소 원자 수의 비
(1은 생략함)

나트륨 원자 수의 비
(1은 생략함)

▲ 염화 나트륨의 화학식

염화 나트륨과 같이 분자로 이루어지지 않은 물질도 분자와 같은 방식으로 이름을 붙여요. 화학식 뒤쪽에 있는 비금속 원소의 이름 뒤에 '~화'를 붙인 다음, 앞쪽에 있는 금속 원소의 이름을 붙여서 읽어요. 단, '소'로 끝나는 원소는 '소'를 떼고 '~화'를 붙여 읽어요.

▲ 몇 가지 물질의 이름을 부르는 방법

철, 마그네슘, 구리 등과 같은 금속들은 한 종류의 수많은 원자들이 연속해서 규칙적으로 배열되어 있어서 분자식으로 표현할 수 없어요. 그래서 금속은 그 금속의 원소 기호로만 표시하여 화학식을 나타내요. 예를 들어, 마그네슘은 마그네슘의 원소 기호인 Mg로 나타내요. 한편, 탄소 원자로 이루어진 다이아몬드와 흑연도 수많은 탄소 원자가 연속해서 규칙적으로 배열되어 있으므로 둘 다 탄소의 원소 기호인 C로 나타낸답니다.

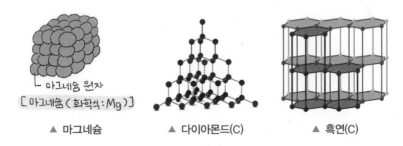

▲ 마그네슘   ▲ 다이아몬드(C)   ▲ 흑연(C)

개념체크

1 질소의 원소 기호는?
2 물의 분자식은?

답 1. N 2. H_2O

13 이온

원자가 전자를 잃거나 얻으면 이온이 돼!

우리가 마시는 이온 음료의 성분표를 보면 우리가 알고 있는 원소 기호 위에 작은 글씨로 '+'와 '−'가 붙어 있는 것을 볼 수 있어요. 이것은 무엇을 의미할까요?

이온

우리 주변에는 전류가 통하는 물질과 전류가 통하지 않는 물질이 있어요. 고체 물질 중에서 철이나 구리처럼 전류가 통하는 물질을 **도체**라고 하고, 나무나 플라스틱처럼 전류가 통하지 않는 물질을 **부도체**라고 해요. 대부분의 금속은 도체예요.

한편, 물질을 물에 녹인 수용액 상태에서 전원을 연결할 때 전류가 흐르는 물질과 전류가 흐르지 않는 물질이 있어요. 소금처럼 물에 녹였을 때 전류가 흐르는 물질을 **전해질**이라고 하고, 설탕처럼 물에 녹였을 때 전류가 흐르지 않는 물질을 **비전해질**이라고 해요.

전해질인 소금을 물에 녹이면 소금의 주성분인 염화 나트륨이 물에 녹아 나트륨 이온과 염화 이온으로 분리돼요. 이 이온은 (+) 또는 (−)의 전하를 띠고 있어요. 이렇게 전하를 띤 입자를 **이온**이라고 해요.

원자는 (+)전하를 띠는 원자핵과 (−)전하를 띠는 전자로 이루어져 있죠? 그러나 원자핵의 (+)전하량과 전자들의 총 (−)전하량의 크기가 같아서 전하를 띠지 않아요. 따라서 전기적으로 중성인 원자가 (−)전하를 띤 전자를 잃으면 입자 전체는 (+)전하를 띠며, 이러한 입자를 **양이온**이라고 해요. 반대로 전기적으로 중성인 원자가 전자를 얻으면 입자 전체는 (−)전하를 띠며, 이러한 입자를 **음이온**이라고 해요.

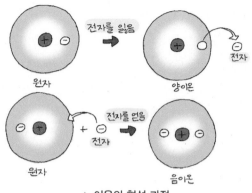

▲ 이온의 형성 과정

科학 선생님 @Chemistry

Q. 소금물은 전기가 통하는데 설탕물은 왜 전기가 통하지 않나요?

소금의 주성분인 염화 나트륨을 물에 녹이면 양이온인 나트륨 이온과 음이온인 염화 이온으로 나누어져요. 그리고 염화 나트륨 수용액을 전원 장치와 연결하면 전기적인 인력에 의해 양이온은 (−)극 쪽으로, 음이온은 (+)극 쪽으로 이동하여 전류가 흐르게 돼요. 그런데 설탕은 분자로 이루어져 있어서 물에 녹아도 이온으로 나누어지지 않아요. 그래서 설탕 수용액은 전류가 흐르지 않는 거예요.

#소금물은 #전기가 #통해 #설탕물은 #전기가 #안_통할까?

이온의 표현

이온도 원소 기호로 나타낼 수 있어요. 원소 기호의 오른쪽 위에 잃거나 얻은 전자의 개수와 전하의 종류를 함께 나타낸 것을 **이온식**이라고 해요.

전기적으로 중성인 나트륨 원자는 전자 1개를 잃으면 (−)전하량보다 (+)전하량이 많아져 양이온이 돼요. 따라서 나트륨 이온은 원소 기호 Na의 오른쪽 위에 잃은 전자의 개수 1개와 전하의 종류 (+)를 붙여서 표현하는데, 만약 잃은 전자 개수가 1개라면 1은 생략하므로 Na^+로 나타내요. 마그네슘 원자는 전자 2개를 잃으면 (−)전하량보다 (+)전하량이 많아져 양이온이 되므로, 원소 기호 Mg의 오른쪽 위에 잃은 전자의 개수 2개와 전하의 종류 (+)를 붙여서 Mg^{2+}로 표현해요.

한편, 플루오린 원자는 보통 전자 1개를 얻어 (+)전하량보다 (−)전하량이 많아져 F^-이 되고, 산소 원자는 전자 2개를 얻어 O^{2-}이 돼요.

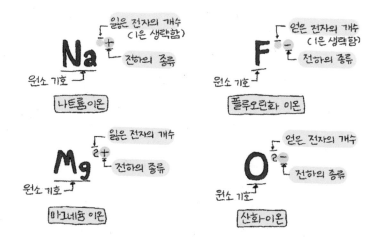

이온은 1개의 원자로 이루어진 것도 있지만, 탄산 이온(CO_3^{2-}), 질산 이온(NO_3^-), 황산 이온(SO_4^{2-}), 암모늄 이온(NH_4^+)과 같이 여러 개의 원자가 모여서 이루어진 다원자 이온이라는 것도 있어요.

양이온과 음이온은 서로 끌어당기는 힘이 작용해서 결합해요. 이와 같이 이온으로 이루어진 물질을 화학식으로 표현할 때는 양이온을 앞에 쓰고 음이온을 뒤에 써요. 그리고 전기적으로 중성이 되게 양이온과 음이온의 전하량의 총합이 0이 되도록 맞추고 이때 1은 생략해요.

> (양이온의 수×양이온의 전하량) + (음이온의 수×음이온의 전하량) = 0

그리고 이런 물질을 읽을 때는 뒤의 음이온을 먼저 읽고, 앞의 양이온을 나중에 읽어요. 즉, 각각 염화 칼슘, 산화 알루미늄이 되지요.

$$Ca^{2+} \,\, Cl^- \Rightarrow CaCl_2 \qquad Al^{3+} \,\, O^{2-} \Rightarrow Al_2O_3$$

이온의 이동과 확인

이온이 들어 있는 수용액에 전류가 흐르면 이온이 이동해요. 특히 수용액 속에서 (+)전하를 띤 양이온은 (−)극 쪽으로 이동하고, (−)전하를 띤 음이온은 (+)극 쪽으로 이동해요.

바닷속에 사는 진주조개는 바닷물에 녹아 있는 칼슘 이온(Ca^{2+})과 자신의 몸에서 분비되는 탄산 이온($CO_3{}^{2-}$)을 반응시켜서 탄산 칼슘($CaCO_3$)으로 이루어진 예쁜 진주나 단단한 껍데기를 만들어요. 이처럼 수용액 속에서 특정한 양이온과 음이온이 반응하여 물에 녹지 않는 앙금을 만드는 반응을 **앙금 생성 반응**이라고 해요. 이것을 이용하면 수용액 속에 들어 있는 이온의 종류를 알 수 있어요.

일반적으로 은 이온(Ag^+), 칼슘 이온(Ca^{2+}), 탄산 이온($CO_3{}^{2-}$), 황산 이온($SO_4{}^{2-}$) 등은 다른 이온과 반응했을 때 앙금을 잘 만들어요. 반면에 나트륨 이온(Na^+), 칼륨 이온(K^+), 암모늄 이온($NH_4{}^+$), 질산 이온($NO_3{}^-$) 등은 앙금을 잘 만들지 않아요.

▼ 여러 가지 앙금 생성 반응

양이온	음이온	생성되는 앙금	앙금의 색깔
Ag^+(은 이온)	Cl^-(염화 이온)	$AgCl$(염화 은)	흰색
Ca^{2+}(칼슘 이온)	$CO_3{}^{2-}$(탄산 이온)	$CaCO_3$(탄산 칼슘)	흰색
Pb^{2+}(납 이온)	I^-(아이오딘화 이온)	PbI_2(아이오딘화 납)	노란색

개념체크

1 원자가 전자를 잃어서 생성된 입자는?
2 특정 양이온과 음이온이 반응했을 때 만들어지는 물에 녹지 않는 물질은?

답 1. 양이온 2. 앙금

화학

탐구 STAGRAM

수용액을 이용한 이온의 이동 관찰하기

Science Teacher

① 그림과 같이 장치한 후 금속 집게에 전극을 연결한다.
② 거름종이 가운데에 푸른색의 황산 구리(Ⅱ) 수용액과 보라색의 과망가니즈산 칼륨 수용액을 몇 방울 떨어뜨린 후 변화를 관찰한다.

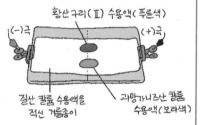

황산구리(Ⅱ) 수용액(푸른색)
(-)극
(+)극
질산 칼륨 수용액을 적신 거름종이
과망가니즈산 칼륨 수용액(보라색)

 좋아요 ♥   #질산칼륨 #구리 이온 #과망가니즈산 이온

 어떤 결과가 나타나나요?

　　 푸른색은 (-)극 쪽으로 이동하고, 보라색은 (+)극 쪽으로 이동해요.

 이 실험을 통해 무엇을 알 수 있나요?

　　 (-)극으로 이동하는 푸른색 입자는 양이온이며, 구리 이온이라는 것을 알 수 있어요. 그리고 (+)극으로 이동하는 보라색 입자는 음이온이며, 과망가니즈산 이온이라는 것을 알 수 있어요.

 거름종이를 왜 질산 칼륨 수용액에 적시나요?

　　 순수한 물은 전류가 흐르지 않기 때문에 전해질인 질산 칼륨 수용액에 적시면 전류가 흐를 수 있어요.

 ┃ 새로운 댓글을 작성해 주세요.   ┃ 등록

🖋️ **이것만은!** • 전극을 연결하면 양이온은 (-)극으로, 음이온은 (+)극으로 끌려간다.
　　　　　　• 원자가 전자를 잃으면 양이온, 전자를 얻으면 음이온이 된다.

14 순물질과 혼합물

순수한 물질이 섞이면 혼합물이 돼!

TV 광고에서 100 % 오렌지주스는 오렌지만을 짜서 만들었다고 해요. 그렇다면 100 % 오렌지주스는 정말 한 종류의 물질로만 이루어진 순수한 물질일까요?

순물질과 혼합물

오렌지에는 물, 당분, 색소 등의 여러 가지 물질이 섞여 있어요. 그래서 오렌지만으로 주스를 만든다고 하더라도 한 종류의 물질로만 이루어진 순수한 물질은 아니에요.

우리 주위에 있는 물질 중에서 한 가지 물질로 이루어진 물질을 **순물질**이라고 하고, 두 가지 이상의 순물질이 섞여 있는 물질을 **혼합물**이라고 해요. 순물질은 물질이 가지고 있는 고유한 성질을 나타내요. 혼합물도 이와 마찬가지로 혼합물을 이루는 성분 물질들이 각각의 성질을 잃지 않고 그대로 유지한 채 섞여 있어요. 그래서 설탕과 물의 혼합물인 설탕물에서는 설탕의 단맛이 나고, 소금과 물의 혼합물인 소금물에서는 소금의 짠맛이 나는 것이에요.

순물질에는 금, 물, 산소, 염화 나트륨, 이산화 탄소, 다이아몬드 등이 있어요. 순물질 중에서 금, 산소, 다이아몬드처럼 한 종류의 원소로 이루어진 물질을 **홑원소 물질** 또는 **원소**라고 하고, 물이나 염화 나트륨, 이산화 탄소처럼 두 종류 이상의 원소로 이루어진 물질을 **화합물**이라고 해요.

순수한 물질들이 섞여 있는 혼합물에는 공기, 식초, 암석, 주스, 바닷물, 흙탕물 등이 있어요. 혼합물 중에서 공기, 식초, 바닷물처럼 성분 물질이 고르게 섞여 있는 물질을 **균일 혼합물**, 암석, 주스, 흙탕물처럼 성분 물질이 고르지 않게 섞여 있는 물질을 **불균일 혼합물**이라고 해요.

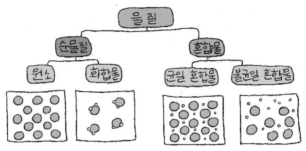

▲ 물질의 분류

 과학 선생님 @Chemistry

Q. 화합물과 혼합물은 어떻게 다른가요?

화합물은 두 가지 이상의 원소가 단단히 결합하여 만들어진 순물질의 한 종류이며, 혼합물은 두 가지 이상의 순물질이 단순히 섞여 있는 물질이에요. 물과 설탕은 각각 순물질로 화합물이에요. 그런데 이 둘을 섞은 설탕물은 혼합물이지요.

#두가지_이상의 #물질이 #섞이면 #혼합물 #성질이_각각

순물질과 혼합물의 구별

컵에 담긴 액체가 그냥 물인지 소금물인지 설탕물인지 어떻게 알 수 있을까요? 맛을 보면 알 수 있겠지요. 이렇게 물질의 맛, 냄새, 색깔 등과 같이 겉으로 드러난 성질로 물질을 구별할 수 있어요. 이러한 성질을 **겉보기 성질**이라고 하는데, 겉보기 성질만으로 물질을 정확하게 구별하기 어려운 경우가 있어요. 그래서 물질을 구별하려면 다른 물질과 구별되는 성질을 알아야 해요.

물질의 여러 가지 성질 중에서 그 물질만이 나타내는 고유한 성질을 **물질의 특성**이라고 해요. 물질의 특성에는 겉보기 성질뿐만 아니라 녹는점, 어는점, 끓는점, 밀도, 용해도 등이 있어요. 물질의 특성을 이용하면 순물질과 혼합물을 구별할 수 있고, 혼합물에서 순물질을 분리할 수 있어요.

예를 들어, 물과 소금물을 1기압에서 각각 끓이면, 물은 온도가 상승하다가 100 ℃에서 일정해져요. 그러나 소금물은 100 ℃보다 높은 온도에서 끓기 시작하고 끓는 동안에도 온도가 계속 높아져요. 즉, 순물질은 끓는점이 일정하지만 혼합물은 끓는점이 일정하지 않아요.

순물질과 혼합물을 1기압에서 얼릴 때에도 마찬가지예요. 물은 어는 동안 온도가 0 ℃로 일정하지만, 소금물은 0 ℃보다 낮은 온도에서 얼기 시작하고 어는 동안에도 온도가 계속 낮아져요. 즉, 순물질은 어는점이 일정하지만 혼합물은 어는점이 일정하지 않아요. 이와 같이 액체의 끓는점이나 어는점을 측정하면 순물질과 혼합물을 구별할 수 있어요.

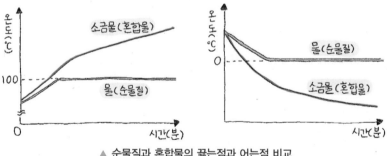

▲ 순물질과 혼합물의 끓는점과 어는점 비교

일상생활에서 혼합물의 성질을 이용한 예에는 어떤 것이 있을까요? 대표적으로 겨울에 눈이 내린 도로에 사용하는 염화 칼슘이 있어요. 눈이 내린 도로에 염화 칼슘을 뿌리면 녹은 눈이 다시 얼지 않아요. 이것은 염화 칼슘이 눈에 녹아 어는점을 낮추기 때문이에요.

또, 물과 에틸렌 글리콜을 섞은 부동액은 자동차 엔진의 열을 식혀 주고 부식을 방지하는 냉각수에 넣는 액체인데, 부동액은 추운 겨울에도 냉각수를 얼지 않게 하지요. 또한, 전기 회로에 사용하는 땜납은 주석과 납의 혼합물로, 순물질인 주석이나 납보다 녹는점이 낮아서 금속을 서로 붙일 때 사용해요. 추운 겨울에 간장이나 바닷물이 얼지 않는 것도 혼합물이기 때문이에요.

한편, 라면을 끓일 때 스프부터 먼저 넣고 물을 끓일지, 물이 끓은 후에 스프를 넣을지 친구와 이야기해본 적이 있나요? 라면 스프를 먼저 넣고 물을 끓이면 물의 끓는점인 100 ℃보다 높은 온도에서 물이 끓기 때문에 면이 더 빨리 익어요. 달걀을 삶을 때 소금을 넣으면 더 빨리 익는것도 마찬가지 원리예요.

왜 혼합물은 순물질보다 끓는점이 높을까요?

혼합물의 끓는점이 더 높은 이유는 혼합된 다른 입자가 기화하는 것을 막기 때문이에요.

예를 들어, 물보다 설탕물의 끓는점이 높은 이유는 설탕물에 포함된 설탕이 물이 기화하는 것을 방해하기 때문이지요. 그래서 물은 기화하는 데에 더 많은 에너지가 필요하므로 더 높은 온도에서 끓기 시작해요. 또한, 설탕물이 끓는 동안에 물은 줄어들지만 설탕은 줄어들지 않아요. 따라서 설탕물의 농도가 진해지므로 물의 기화를 더 많이 방해해서 설탕물이 끓는 동안 온도가 계속 높아지는 것이에요.

15 녹는점, 어는점, 끓는점

모든 물질은 저마다의 개성이 있어!

무더운 여름날 냉장고에서 얼음을 꺼내 놓으면 금방 녹아요. 그런데 같은 온도에서 철은 왜 녹지 않을까요?

녹는점과 어는점

요즘은 코코넛오일이나 올리브오일 등이 보편화되어 사용되고 있지요? 이러한 오일에는 여러 성분이 들어 있는데, 로르산은 코코넛오일의 주요 성분이에요. 팔미트산은 포화 지방산으로 올리브오일이나 왁스 등에 함유되어 있어요.

로르산은 녹는점이 44 ℃, 팔미트산은 녹는점이 62 ℃예요. 그러면 이두 물질은 상온에서 고체 상태이겠지요. 로르산과 팔미트산의 질량을 각각 2배로 하여 가열하면 녹는 데 걸리는 시간이 길어질 뿐 두 물질의 녹는점은 변하지 않아요. 즉, 물질의 종류에 따라 녹는점은 다르지만 일정한 압력하에서 녹는점은 양에 관계없이 항상 일정해요. 따라서 녹는점은 물질을 구별할 수 있는 물질의 특성이라고 할 수 있어요. 같은 물질의 녹는점과 어는점은 같으므로 어는점도 물질의 특성이지요.

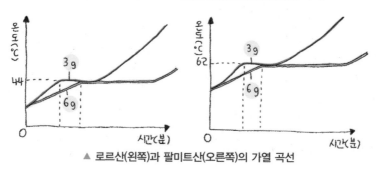

▲ 로르산(왼쪽)과 팔미트산(오른쪽)의 가열 곡선

우리 주위에서는 녹는점이나 어는점을 다양하게 이용해요. 예를 들면, 소방관의 안전을 지켜주는 방화복이나 불과 접촉하는 조리 기구, 우주선의 본체, 전구의 필라멘트와 같이 고온에서도 고체 상태를 유지해야 하는 경우에는 녹는점이 높은 물질을 이용해요.

한편, 열에 의해 모양을 쉽게 변형시킬 수 있는 플라스틱이나 온도계 속 수은과 같이 저온에서도 액체 상태를 유지해야 하는 경우에는 녹는점이 낮은 물질을 이용해요.

끓는점

물이 100 °C에서 끓는다는 것은 다 알지요? 그럼 알코올의 주요 성분 중 하나인 에탄올은 몇 도에서 끓을까요?

물과 에탄올의 양을 각각 2배로 하여 가열하면 끓는점은 어떻게 될까요? 두 물질 모두 끓는 데까지 걸리는 시간이 길어질 뿐 끓는점은 변하지 않아요.

즉, 끓는점은 물질의 종류에 따라 다르고, 같은 압력에서는 그 양에 관계없이 일정해요. 따라서 끓는점도 물질을 구별할 수 있는 물질의 특성이라고 할 수 있어요.

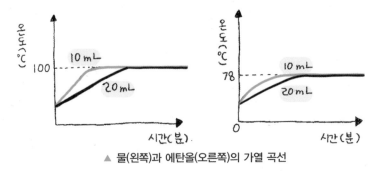

▲ 물(왼쪽)과 에탄올(오른쪽)의 가열 곡선

과학 선생님 @Chemistry

Q. 물질마다 끓는점이나 녹는점이 왜 다른가요?

물질마다 끓는점이나 녹는점이 다른 이유는 물질을 이루는 입자 사이의 인력이 다르기 때문이에요. 고체가 액체로, 액체가 기체로, 고체가 기체로 상태가 변할 때 입자 사이의 인력을 끊을 수 있을 만큼의 열에너지를 흡수해요. 그래서 입자들 사이의 인력이 큰 물질일수록 입자 사이의 인력을 끊는 데에 더 많은 열에너지가 필요하고, 더 많은 에너지를 흡수하면 온도가 올라가므로 끓는점이나 녹는점이 높아져요.

#입자_사이의 #관계가 #끈끈할수록 #녹는점과_끓는점이 #높지 #친구_관계처럼

주위의 압력이 높아지면 끓는점이 높아지는데, 이를 이용한 것이 바로 압력 밥솥이에요. 압력 밥솥으로 밥을 하면 수증기가 밖으로 빠져나가기 어려우므로 솥 안의 압력이 높아져서 물이 100 °C보다 높은 온도에서 끓어요. 그래서 밥이 빨리 만들어지는 것이에요. 깊은 바닷속에서 화산이 폭발하면 온도가 200 °C를 넘어도 수압이 높아서 바닷물이 끓지 않는데, 이것도 같은 원리예요.

반대로 주위의 압력이 낮아지면 끓는점이 낮아져요. 높은 산에서 밥을 하면 쌀이 설익는데, 이것은 고도가 높아지면 공기가 희박해져서 대기압이 낮아지므로 물이 100 °C보다 낮은 온도에서 끓기 때문이에요. 충분한 열을 공급받지 못해 쌀이 설익는 것이지요.

끓는점은 우리 생활 속에서 다양하게 이용되고 있어요. 식용유의 끓는점(160 °C 이상)은 물보다 높아서 튀김을 할 때 이용하고, 액체 질소는 끓는점(−196 °C)이 매우 낮아 세포나 조직 등 생체 시료의 냉동 보관에 이용해요. 자동차 윤활유의 기름 성분은 끓는점(300 °C 이상)이 높아 뜨거운 자동차 안에서도 기화되지 않고 액체로 존재할 수 있어 기계 부품 사이의 마찰을 줄여주는 데 이용돼요. 또한, 암모니아는 끓는점(−33 °C)이 기체 중에서 비교적 높아 쉽게 액화시킬 수 있으므로 얼음

공장에서 냉매로 이용해요. 이뿐만 아니라 뷰테인은 끓는점(0.5 ℃)이 기체 중에서 비교적 높아 겨울철 야외에서 기화되기 어려우므로 아이소뷰테인(끓는점 −11.7 ℃)을 포함한 연료로 이용하고 있어요.

물질에 따라 녹는점, 어는점, 끓는점이 다르므로 실온(약 20 ℃)에서 물질의 상태도 달라요. 녹는점보다 낮은 온도에서는 고체, 녹는점과 끓는점 사이의 온도에서는 액체, 끓는점보다 높은 온도에서는 기체 상태로 존재해요.

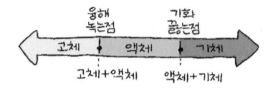

▶ 녹는점, 끓는점과 물질의 상태

고체	액체	기체
실온<녹는점	녹는점<실온<끓는점	끓는점<실온

▶ 1기압에서 여러 가지 물질의 끓는점, 녹는점(어는점)과 실온에서 물질의 상태

물질	질소	에탄올	물	염화 나트륨	철
끓는점(℃)	−196	78.3	100	1465	2861
녹는점(℃)	−210	−114.1	0	802	1538
물질의 상태	기체	액체	액체	고체	고체

개념체크

1 다른 물질과 구별되는 고유한 성질은?
2 녹는점과 끓는점 사이의 온도에서 물질은 어떤 상태인가?

📖 1. 물질의 특성 2. 액체

16 밀도

밀도가 크면 물체가 가라앉고, 밀도가 작으면 떠!

고대 그리스의 과학자 아르키메데스는 왕에게 왕관이 순수한 금으로 만들어진 것인지 감정하라는 명령을 받았어요. 깊은 고뇌에 빠진 아르키메데스는 목욕탕 안의 물에 들어가는 순간 그 문제를 풀고 "유레카(알아냈다)!"라고 외쳤어요. 왕관이 순금으로 만들어졌는지 아닌지 어떻게 알아낼까요?

밀도

어떤 물체는 물에 넣었을 때 뜨고 어떤 것은 가라앉는데 무슨 차이가 있는 것일까요? 질량이 크면 가라앉을까요?

그림과 같이 부피가 같은 쇠공과 스타이로폼 공을 물이 담긴 컵에 넣어보면 이때 스타이로폼 공은 물에 뜨고, 쇠공은 물에 가라앉아요. 질량이 같은 쇠공과 스타이로폼 공을 물에 넣으면 어떻게 될까요? 마찬가지로 스타이로폼 공이 물에 뜨고, 쇠공이 가라앉아요.

즉, 부피가 같은 공을 물에 넣으면 질량이 큰 공이 물에 가라앉고, 질량이 같은 공을 물에 넣으면 부피가 작은 공이 물에 가라앉는다는 것을 알 수 있어요. 이처럼 물질이 물에 뜨거나 가라앉는 현상을 설명하기 위해서는 부피와 질량을 모두 고려한 새로운 개념이 필요해요.

부피가 같을 때   질량이 같을 때

▲ 쇠공과 스타이로폼 공을 물에 넣은 모습

구리 도막을 반으로 자르면 질량도 반으로, 부피도 반으로 줄어들어요. 그러나 반으로 자른다고 해서 질량과 부피의 비율이 변하지는 않아요. 이와 같이 같은 물질이라도 질량과 부피는 서로 달라질 수 있지만 질량을 부피로 나눈 값은 일정한데, 이것을 **밀도**라고 해요. 즉, 밀도는 단위 부피에 해당하는 질량을 뜻해요. 밀도의 단위로는 질량의 단위를 부피의 단위로 나눈 g/cm^3, g/mL 등을 사용해요.

밀도

$$밀도 = \frac{질량}{부피} \ (단위 : g/cm^3, g/mL \ 등)$$

밀도는 물질의 종류에 따라 다르며, 물질의 양에 관계없이 일정하므로 물질의 특성이에요. 그리고 부피가 같을 때 질량이 큰 물질일수록 밀도가 크고, 질량이 같을 때는 부피가 작은 물질일수록 밀도가 커요.

예를 들어, 물보다 밀도가 큰 물질을 물에 넣으면 이 물질은 물에 가라앉고, 물보다 밀도가 작은 물질을 물에 넣으면 물 위에 뜨게 되는 것이에요.

일반적으로 같은 물질이라도 상태에 따라 밀도가 달라요. 즉, 고체보다 액체, 액체보다 기체일 때 밀도가 작아요. 그 이유는 고체보다 액체, 액체보다 기체일 때 분자 사이의 거리가 멀기 때문이에요. 같은 질량이라도 분자 사이의 거리가 멀어진 만큼 부피가 커지므로 상대적으로 밀도는 작아지는 것이에요. 특히 기체는 대부분이 빈 공간이므로 액체에 비해 밀도가 매우 작아요.

그러나 예외적으로 물은 질량이 같을 때 액체 상태인 물보다 고체 상태인 얼음의 부피가 더 커요. 얼음의 밀도가 물보다 작아서 물 위에 얼음이 뜨는 것이에요. 일반적인 물질들은 액체에서 고체로 상태 변화할 때 분자들이 빈 공간 없이 규칙적으로 배열돼요. 그런데 물은 얼음으로

변할 때 육각형 구조를 이루며 규칙적으로 배열되기 때문에 빈 공간이
생겨요. 그래서 얼음일 때 부피가 커져 밀도가 작아지는 것이에요.

▲ 물(액체)

▲ 얼음(고체)

밀도의 측정

밀도를 알기 위해서는 질량과 부피를 측정해야 해요. 먼저 **질량**은 장
소나 상태에 관계없이 일정한 물질의 고유한 양으로, 단위는 mg, g, kg
등을 사용해요.

고체의 질량은 전자저울에 직접 올려서 측정해요. 액체의 경우, 용기
를 먼저 전자저울 위에 올려놓고 영점 조정을 한 후, 용기에 액체를 부
어 측정하거나 액체가 담긴 용기의 총 질량을 측정한 후 용기의 질량을
빼서 구할 수 있어요.

부피는 물질이 차지하는 공간의 크기를 뜻하며, 단위는 cm³, mL 등을
사용해요. 고체의 부피는 액체를 이용하여 측정해요. 물에 가라앉는 물
질은 실에, 물에 뜨는 물질은 철사에 연결하여 고체 물질을 액체 속에
잠기게 하였을 때 증가한 액체의 부피로 고체의 질량을 측정할 수 있어
요. 이렇게 측정한 질량을 부피로 나누면 밀도를 구할 수 있어요.

혼합물의 밀도

순물질은 밀도가 일정하지만 혼합물은 섞여 있는 물질의 양에 따라

밀도가 달라져요. 즉, 혼합물은 밀도가 일정하지 않아요. 달걀을 물에 넣으면 달걀이 가라앉지만, 여기에 소금을 계속 녹이면 소금물의 농도가 진해지면서 달걀이 점차 떠올라요. 이것은 물에 녹인 소금의 양이 많아질수록 소금물의 밀도가 커지기 때문이에요. 그래서 밀도가 커진 소금물에 비해 상대적으로 밀도가 작은 달걀이 소금물 위로 뜨는 것이에요.

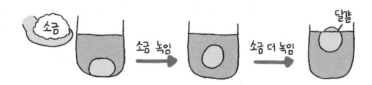

밀도와 관련된 현상

우리 주변에서 밀도와 관련된 다양한 현상을 관찰할 수 있어요. 열기구 속의 공기를 가열하면 열기구가 뜨는 것도 공기가 열기구에서 빠져나가 밀도가 작아지기 때문이에요. 또한, 사해는 일반 바닷물에 비해 밀도가 커서 사람이 물 위에 쉽게 뜰 수 있어요. 이 밖에도 빙하가 바닷물 위에 뜨는 것, 헬륨 풍선이 공기 중에 뜨는 것 등 뜨고 가라앉는 모든 현상이 밀도와 관련이 있어요.

개념체크

1 단위 부피에 해당하는 질량을 나타내는 물리량은?
2 얼음과 물 중 밀도가 큰 것은?

답 1. 밀도 2. 물

금속의 밀도 측정

Science Teacher

① 크기가 다른 철 조각과 알루미늄 조각의 질량을 측정한다.
② 물이 들어 있는 눈금실린더에 각 금속 조각을 넣었을 때 늘어난 부피를 측정한 후 각 금속 조각의 밀도를 계산한다.

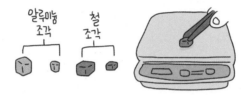

🎯 좋아요 ♥   #물질의 특성 #밀도=질량/부피

 어떤 결과가 나타나지요?

 철의 밀도는 7.9 g/mL, 알루미늄의 밀도는 2.7 g/mL이라는 것을 알 수 있어요.

 이 실험을 통해 무엇을 알 수 있나요?

 같은 물질인 경우 크기에 관계없이 밀도가 일정함을 알 수 있어요.

 이 실험을 할 때 주의할 점은 무엇인가요?

 금속의 부피를 측정할 때 눈금실린더가 깨지지 않도록 눈금실린더를 기울여 금속 조각을 넣거나 금속 조각을 실에 묶어 물에 담가야 해요.

 [새로운 댓글을 작성해 주세요.] [등록]

✏️ 이것만은! • 밀도는 물질의 특성이다.
           • 물에 물보다 밀도가 큰 물질을 넣으면 가라앉고, 물보다 밀도가 작은 물질을 넣으면 뜬다.

17 용해도

물질마다 물에 녹는 정도가 다르다고?

아이스커피를 만들 때에는 커피 가루에 뜨거운 물을 조금 부어 커피 가루를 다 녹인 후 얼음을 넣는 것이 좋아요. 이것은 차가운 물에서는 커피 가루가 잘 녹지 않기 때문이에요. 커피 가루가 차가운 얼음물에서 잘 녹지 않는 이유는 무엇일까요?

용해

설탕이 물에 녹아 설탕물이 되는 것처럼 한 물질이 다른 물질에 녹아 고르게 섞이는 현상을 용해라고 해요. 이때 설탕과 같이 다른 물질에 녹는 물질을 용질, 물과 같이 다른 물질을 녹이는 물질을 용매라고 해요. 그리고 설탕물과 같이 용질과 용매가 고르게 섞여 있는 것을 용액이라고 하며, 특히 용매가 물인 용액을 수용액이라고 해요.

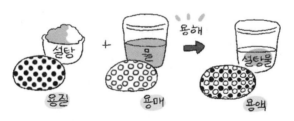

▲ 설탕이 물에 녹는 과정

용액은 투명하고, 물질에 따라 색을 띠기도 해요. 그리고 용질과 용매가 골고루 섞여 있으므로 균일 혼합물이에요. 또한, 용해되는 과정에서 입자의 종류와 개수는 변하지 않으므로 질량도 변하지 않아요. 하지만 용매와 용질을 이루는 입자의 크기가 다르기 때문에, 용해되는 과정에서 입자 사이에 다른 입자가 끼어들어 가므로 전체 부피는 조금 줄어들어요.

고체의 용해도

일정한 양의 용매에 용질을 계속 녹이면 어느 순간부터 용질이 더 이상 녹지 않고 바닥에 가라앉아요. 녹을 수 있는 용질의 양에 한계가 있기 때문이죠. 이처럼 어떤 온도에서 일정한 양의 용매에 용질이 최대로 녹아 있는 용액을 **포화 용액**, 포화 용액보다 적은 양의 용질이 녹아 있어서 용질이 더 녹을 수 있는 용액을 **불포화 용액**이라고 해요.

그리고 포화 용액보다 용질이 더 녹아 있는 용액을 **과포화 용액**이라고 해요. 과포화 용액은 굉장히 불안정한 상태이므로 금세 포화 용액이 되며, 포화 상태를 초과한 양의 용질은 녹지 않고 다시 고체가 되어 가라앉아요. 이렇게 녹아 있던 용질이 고체로 되어 가라앉는 현상을 **석출**이라고 해요.

설탕과 소금은 모두 물에 잘 녹지만 같은 양의 물에 녹을 수 있는 양은 서로 달라요. 또, 같은 물질이라도 물의 온도에 따라 녹는 양이 달라져요. 어떤 온도에서 용매 100 g에 최대로 녹을 수 있는 용질의 g 수를 **용해도**라고 해요. 온도가 일정할 때, 물질의 용해도는 일정하며 물질의 종류에 따라 용해도가 달라져요. 따라서 용해도는 물질을 구별할 수 있는 물질의 특성이에요.

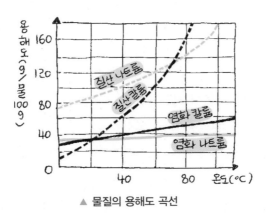

▲ 물질의 용해도 곡선

온도에 따른 물질의 용해도는 **용해도 곡선**으로 나타낼 수 있어요. 앞의 용해도 곡선을 보면, 질산 나트륨이나 질산 칼륨처럼 온도에 따른 용해도 차가 큰 물질도 있고, 염화 나트륨과 염화 칼륨처럼 온도에 따른 용해도 차가 작은 물질도 있어요. 대부분 고체의 용해도는 온도가 높을수록 증가하고, 온도가 낮을수록 감소해요. 그래서 용액의 온도가 낮아지면 용해도가 작아지므로 용해도 차이만큼 용질이 석출돼요.

 과학 선생님 @Chemistry

Q. 포화 용액은 농도가 100 %인가요?

아니에요. 아래의 식에서 알 수 있듯이, 퍼센트 농도는 용액 속에 들어 있는 용질의 비율을 백분위로 나타낸 것이에요. 용액은 용질과 용매가 섞여 있으므로 농도가 100%인 용액은 존재할 수 없겠지요. 그리고 포화 용액은 용매에 용질이 최대로 녹아 있는 용액으로, 농도가 100%보다 작아요.

$$퍼센트\ 농도(\%) = \frac{용질의\ 질량(g)}{용액의\ 질량(g)} \times 100 = \frac{용질의\ 질량(g)}{(용질+용매)의\ 질량(g)} \times 100$$

포화용액 # 퍼센트농도 # 소금물은 # 농도100%_아님

기체의 용해도

냉장 보관한 탄산음료를 마시면 톡 쏘는 느낌이 나지만, 여름철에 바깥에 꺼내 둔 탄산음료는 톡 쏘는 느낌이 줄어들어요. 탄산음료의 톡 쏘는 맛은 음료 속에 녹아 있는 이산화 탄소 때문이에요. 이산화 탄소와 같은 기체는 온도가 높을수록 용해도가 감소하기 때문에요.

요즘은 정수기를 많이 사용하지만 수돗물도 먹을 수가 있어요. 그런데 수돗물은 정수 처리를 할 때 염소를 사용하여 소독하므로 보통 끓여서 먹으라고 해요. 수돗물을 끓이면 소독약 냄새가 사라지는데, 이것은 수돗물 속에 들어 있는 염소 기체가 온도가 높아지면서 수돗물에 녹지 못하고 바깥으로 빠져나가기 때문이에요. 그리고 여름철에는 물에 녹을 수 있는 산소의 양이 줄어들기 때문에 물고기가 호흡하기 위해 수면 근처에서 뻐끔거리는 것을 볼 수 있어요. 이와 유사한 예로 발전소에서 사용한 냉각수를 식히지 않고 바다로 내보내면 물의 온도가 높아져서 물속에 녹아있던 산소의 양이 줄어들면서 물고기가 호흡하기 어렵게 돼요. 한편, 극지방의 바다는 수온이 낮아서 물속에 산소가 많이 녹아 있어 다양한 어종이 살고 있답니다.

기체의 용해도는 온도에만 관련이 있을까요? 탄산음료의 뚜껑을 여는 순간 기포가 발생하는 것을 많이 보았지요? 이것은 뚜껑을 열면 용기 안의 압력이 낮아지면서 이산화 탄소의 용해도가 감소하여 이산화 탄소 기체가 밖으로 빠져나오는 것이에요. 기체는 압력이 커지면 용해도가 증가하고, 압력이 작아지면 용해도가 감소해요. 이것은 잠수부들에게 아주 중요하답니다.

잠수부가 깊은 바닷속에서 잠수하면 높은 압력 때문에 기체의 용해도가 커져서 폐에 흡입된 질소가 혈액에 많이 용해돼요. 그런데 잠수부가 급하게 수면으로 올라오면 압력이 낮아지면서 혈액에 녹았던 질소가 기포가 되어 모세 혈관을 막아 이상을 일으키는데 이러한 현상을 잠수병이라고 하지요.

기체는 온도와 압력에 따라 용해도가 달라진대!

탐구 STAGRAM

 온도에 따른 용해도 측정

Science Teacher

① 시험관 4개에 질산 칼륨을
각각 3 g, 6 g, 9 g, 12 g씩
넣고 물을 10 g씩 넣는다.

② 시험관을 고정한 후 물이
담긴 비커에 넣고 질산 칼
륨이 모두 녹을 때까지 가
열한다.

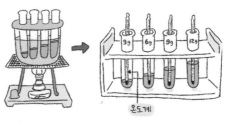

③ 각 시험관에 온도계를 넣고 흰색 결정이 생기기 시작할 때 용액의 온도를 측
정한다.

 좋아요 ♥   #용해도 #질산칼륨 #결정생성

 시험관마다 결정의 양이 다른데 왜 이런 결과가 나타나는 건가요?

 질산 칼륨이 많을수록 높은 온
도에서 결정이 생겨요. 질산 칼
륨의 양과 결정이 생기는 온도
의 관계를 표와 그래프로 나타
내면 아래와 같아요.

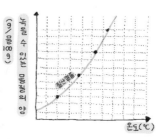

질산 칼륨의 양(g)	3	6	9	12
결정이 생기는 온도(℃)	20	31	51	65

 이 실험을 통해 무엇을 알 수 있나요?

 온도가 높을수록 질산 칼륨의 용해도가 증가한다는 것을 알 수 있어요.

 새로운 댓글을 작성해 주세요.   [등록]

✎ 이것만은! • 용매에 용질이 최대로 녹아 있는 용액은 포화 용액이다.
            • 고체 질산 칼륨의 용해도는 온도가 높을수록 증가한다.

18 증류, 밀도 차를 이용한 혼합물의 분리

증류는 끓는점 차를 이용하여 혼합물을 분리하는 방법이야!

우리나라는 삼면이 바다로 둘러싸여 있지만 물이 풍족한 국가는 아니라고 해요. 우리나라의 동해, 남해, 서해에 바닷물이 풍부한데도 물이 부족한 이유는 무엇일까요?

증류

바닷물은 우리 몸속에 있는 체액보다 농도가 높아서 마실 수 없어요. 또, 바닷물은 농작물을 재배할 때도 사용할 수 없고, 금속으로 된 공장의 기계들을 쉽게 부식시킬 수 있어서 공업용수로도 사용할 수 없어요.

그럼 바닷물을 사용할 수 있는 방법은 없는 걸까요? 바닷물을 끓이면 끓는점이 높은 소금과 같은 성분은 그대로 남고, 상대적으로 끓는점이 낮은 물만 기화해요. 이렇게 기화한 수증기를 모아서 다시 냉각하면 순수한 물을 얻을 수 있어요. 이처럼 액체 상태의 혼합물을 가열할 때 나오는 기체를 다시 냉각하여 순수한 액체 물질을 얻는 방법을 증류라고 해요.

액체에 고체가 녹아 있는 혼합물은 두 물질의 끓는점 차이가 커서 액체 성분을 쉽게 분리할 수 있어요. 이러한 증류법을 이용하면 바닷물에서 생활에 필요한 물을 얻을 수 있지요.

물과 에탄올이 섞인 혼합물처럼 끓는점이 서로 다른 액체들이 섞여 있을 때에도 증류를 이용하면 성분 물질을 분리할 수 있어요. 물과 에탄올의 혼합물을 가열하면 온도가 일정한 구간이 두 번 나타나는데, 첫 번째 구간에서는 끓는점이 낮은 에탄올이 끓어 나오고, 두 번째 구간에서 물이 끓어 수증기가 분리돼요. 그런데 에탄올이 먼저 끓어 나오는 동안 물도 일부 기화하여 함께 나오기 때문에 한 번의 증류로는 순수한 에탄올을 얻기 어려워요. 이 때문에 증류로 얻은 액체를 다시 증류하여 모으는 과정을 반복하여 에탄올의 순도를 높여요.

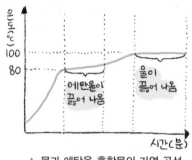

▲ 물과 에탄올 혼합물의 가열 곡선

우리 주변에서 끓는점의 차이를 이용한 증류로 혼합물을 분리하는 예에는 어떤것이 있을까요? 대표적인 예로 원유가 있어요. 원유는 걸쭉하고 검푸른 색을 띠며, 여러 가지 물질이 섞여 있는 액체 상태의 혼합물이에요. 원유를 가열하여 증류탑으로 보내면 끓는점이 낮은 물질은 기화하여 기체 상태로 증류탑의 꼭대기로 올라가고, 끓는점이 높은 물질은 충분히 끓지 못하여 액체 상태로 아래쪽에서 분리돼요. 즉, 끓는점이 낮은 성분부터 증류탑의 위쪽에서 먼저 분리돼요. 이렇게 원유를 분리하여 얻은 가솔린, 등유, 경유 등은 일상생활에서 다양하게 사용되고 있어요.

또한, 향수나 화장품에 이용할 향료를 식물에서 분리할 때도 증류를 이용해요. 꽃잎을 물에 넣고 가열하면 꽃잎이 가진 향기 성분이 기화하는데, 이것을 액화하면 향료를 얻을 수 있어요.

밀도 차를 이용한 혼합물의 분리

여러 가지 플라스틱이 섞여 있을 때 물을 부으면 물보다 밀도가 작은 플라스틱은 물에 뜨고, 물보다 밀도가 큰 플라스틱은 물속에 가라앉아요. 이처럼 밀도 차이를 이용하여 고체 혼합물을 분리할 수 있어요.

 과학 선생님 @Chemistry

Q. 물에 녹지 않는 고체 혼합물이 모두 물에 가라앉으면 어떻게 분리하나요?

이럴 때는 물에 소금을 조금씩 녹여 액체의 밀도를 높여 줄 수 있어요. 소금물의 밀도가 커지면 소금물보다 밀도가 작은 고체 물질이 떠올라 밀도가 작은 고체 물질부터 순서대로 분리할 수 있어요.

#모든_것에는 #과학적 #방법이 #있지

물과 식용유처럼 서로 섞이지 않으면서 밀도 차가 있는 액체 혼합물은 어떻게 분리할까요? 이러한 액체 혼합물을 시험관이나 분별 깔때기에 넣으면 밀도가 큰 액체는 아래로, 밀도가 작은 액체는 위로 나누어지므로 쉽게 분리할 수 있어요.

신선한 달걀과 오래된 달걀을 구분할 때에도 밀도 차를 이용할 수 있어요. 달걀을 소금물에 넣으면 오래되어 수분이 빠져나간 달걀은 밀도가 작아서 소금물 위로 뜨고, 신선한 달걀은 가라앉아요. 또, 바다에 기름이 유출되었을 때 유출된

▲ 신선한 달걀과 오래된 달걀 구분

기름은 바닷물보다 밀도가 작아 바닷물 위에 뜨기 때문에 흡착포를 사용하여 기름을 제거할 수 있어요.

🔍 개념체크

1 끓는점 차를 이용하여 혼합물을 분리하는 방법은?
2 물과 식용유는 어떤 특성 차이를 이용하여 분리하는가?

📋 1. 증류 2. 밀도

화학

탐구 STAGRAM

증류를 이용한 물과 에탄올의 분리

Science Teacher

① 가지 달린 삼각 플라스크에 물과 에탄올을 각각 50 mL씩 넣어 혼합한다.
② 삼각 플라스크에 끓임쪽을 넣고 그림과 같이 장치한다.
③ 가열 장치로 가열하면서 1분 간격으로 온도를 측정하여 기록한다.
④ 온도가 일정하게 유지되는 동안 유리관을 통해 나오는 물질을 서로 다른 시험관에 모은다.

온도 측정계

 좋아요 ♥   #끓는점 차를 이용한 분리 #증류

 어떤 결과가 나타나나요?

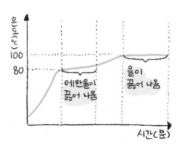

끓는점이 낮은 에탄올이 먼저 끓어 나오고, 끓는점이 높은 물이 나중에 끓어 나와요.

 이 실험을 통해 무엇을 알 수 있나요?

끓는점 차를 이용하여 액체 혼합물을 분리할 수 있다는 것을 알 수 있어요. 또한, 혼합물을 이루는 성분의 끓는점 차이가 클수록 각 성분 물질을 쉽게 분리할 수 있어요.

 새로운 댓글을 작성해 주세요.   [등록]

 이것만은!
- 증류는 끓는점 차를 이용한 혼합물의 분리 방법이다.
- 증류할 때 끓는점이 낮은 물질이 먼저 끓어 나온다.

19 재결정, 크로마토그래피

용해도 차를 이용하면 혼합물을 분리할 수 있어!

천일염이라고 들어 봤나요? 천일염은 염전에 바닷물을 가두어 바람과 햇빛으로 물을 증발시켜 얻은 소금을 말해요. 천일염에는 약간의 불순물이 포함되어 있는데 이 불순물을 제거하려면 어떻게 해야 할까요?

재결정

우리가 먹는 소금 중에는 천일염과 꽃소금이 있어요. 두 소금의 차이는 무엇일까요? 염전에서 얻은 천일염에는 소금의 성분뿐만 아니라 불순물도 섞여 있어요. 꽃소금은 이러한 천일염을 물에 녹여 거른 후 증발시켜서 만든 순수한 소금이에요.

순수한 소금을 만드는 원리를 알아볼까요? 예를 들어, 적은 양의 황산 구리(Ⅱ)가 섞여 있는 질산 칼륨이 있다고 해요. 이 질산 칼륨을 물에 넣고 가열하여 녹인 다음 용액의 온도를 낮추면 질산 칼륨의 흰색 결정이 석출돼요. 이때 황산 구리(Ⅱ)는 양이 적어 포화 상태에 이르지 않았으므로 용액 속에 그대로 녹아 있어요. 따라서 용액을 거름 장치로 거르면 순수한 질산 칼륨을 얻을 수 있어요. 이것은 질산 칼륨이 황산 구리

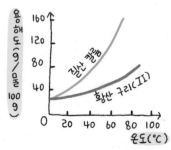

▲ 질산 칼륨과 황산 구리(Ⅱ)의 용해도 곡선

(Ⅱ)보다 온도에 따른 용해도 차가 크기 때문이에요.

온도에 따른 용해도 차가 크다는 것은 높은 온도에서는 매우 잘 녹지만 낮은 온도에서는 잘 녹지 않아서 용해도 곡선의 기울기가 매우 크다는 의미에요. 이와 같이 적은 양의 불순물이 섞여 있는 고체 물질을 용매에 녹인 다음 용액의 온도를 낮추거나 용매를 증발시켜 순수한 고체 물질을 얻는 방법을 재결정이라고 해요.

우리 생활에서도 재결정이 많이 이용되고 있어요. 사탕수수에서 얻은 설탕을 재결정하여 순수한 설탕을 얻고, 버드나무 껍질에서 얻은 물질을 가공, 재결정하여 해열 진통제인 아스피린을 만들어요. 이처럼 재결정은 어떤 물질에 소량의 불순물이 섞여 있을 때, 불순물을 제거하여 물질의 순도를 높이는 데 주로 이용해요.

거름과 추출

재결정과 같이 온도에 따른 용해도 차이를 이용하여 혼합물을 분리하는 방법 외에 용매에 대한 용해도 차이를 이용하여 혼합물을 분리하는 방법도 있어요.

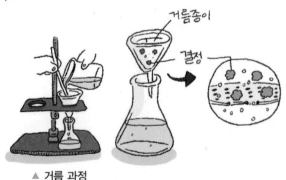

▲ 거름 과정

예를 들어, 염화 나트륨과 나프탈렌의 혼합물을 물에 녹여서 거르면 염화 나트륨 수용액은 거름종이를 통과하고, 나프탈렌은 거름종이 위에 남아요. 하지만 염화 나트륨과 나프탈렌의 혼합물을 에탄올에 녹여서 거르면 나프탈렌 용액은 거름종이를 통과하고, 염화 나트륨이 거름종이 위에 남게 되지요.

이렇게 고체 혼합물에서 용매에 녹지 않는 물질을 거름 장치로 걸러서 분리하는 방법을 거름이라고 해요.

기체 혼합물에서 용매에 녹는 물질을 분리할 수도 있어요. 암모니아는 물에 잘 녹는 물질이에요. 화장실 청소를 할 때 물을 이용하면 자극적인 암모니아 냄새를 없앨 수 있어요. 또한, 이산화 황이나 이산화 질소 같은 공기 오염 물질도 물에 잘 녹아서 비가 내리면 공기 오염 물질이 줄어들어요.

한편, 녹차를 따뜻한 물에 넣으면 녹차 성분이 우러나오죠? 그리고 도라지와 같은 쓴 나물에서 쓴맛을 없애기 위해 나물을 삶아 찬물에 담가 둔다고 해요. 이와 같이 혼합물에서 특정 성분을 잘 녹이는 용매를 사용하여 그 성분을 분리하는 것을 추출이라고 해요. 추출도 용매에 대한 용해도 차이를 이용하여 혼합물을 분리하는 것이에요.

크로마토그래피

사인펜으로 그린 그림에 물을 떨어뜨리면 그림이 번지면서 여러 가지 색이 나타나는 것을 볼 수 있어요. 이것으로부터 사인펜의 잉크는 여러 가지 색소로 이루어진 혼합물이라는 것을 알 수 있어요.

거름종이에 수성 사인펜으로 점을 찍고, 끝부분을 물에 담그면 용매인 물이 거름종이를 타고 올라갈 때 수성 사인펜의 잉크가 물에 녹아서 물과 함께 퍼져 나가요. 이때 색소마다 물을 따라 이동하는 속도가 다르

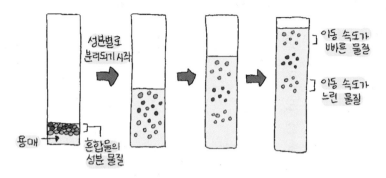

▲ 크로마토그래피의 원리

기 때문에 사인펜 잉크는 몇 가지 색소로 분리돼요. 이처럼 혼합물을 이루는 성분 물질이 용매를 따라 이동하는 속도 차를 이용하여 혼합물을 분리하는 방법을 크로마토그래피라고 해요.

크로마토그래피로 혼합물을 분리할 때는 성분 물질이 잘 녹는 용매를 사용해야 해요. 수성 사인펜 잉크는 물에 잘 녹으므로 물을 용매로 사용하고, 유성 사인펜 잉크는 물에 잘 녹지 않으므로 에테르를 용매로 사용하여 혼합물을 분리해요. 이처럼 크로마토그래피는 용매의 종류에 따라 분리되는 성분 물질의 수나 이동한 거리가 달라지는 특징이 있어요.

또한, 크로마토그래피는 다른 방법에 비해 매우 적은 양의 혼합물도 분리할 수 있어요. 그리고 분리 방법이 간단하고, 분리하는 데 걸리는 시간도 짧아요. 이뿐만 아니라 성질이 비슷하거나 복잡한 혼합물도 쉽게 분리할 수 있어요.

우리 생활에서 크로마토그래피는 어디에 쓰일까요? 크로마토그래피는 운동선수들이 금지 약물을 복용했는지 여부를 검사하는 도핑 테스트에 쓰여요. 또, 식물의 색소 분리, 농약 성분의 검출, 음식에 포함된 유해 물질의 검출, 의약품 성분의 분리, 단백질 성분의 검출 등에 다양하게 활용되고 있어요.

종이 크로마토그래피 방법

① 전개가 시작될 지점에 색소를 작고 진하게 여러 번 찍
  어요.
② 혼합물을 모두 녹이는 용매를 선택해요.
③ 색소점이 용매에 잠기지 않게 장치해요.
④ 용매가 증발하지 않도록 용기의 입구를 막아요.

- 고무 마개
- 눈금 실린더
- 거름 종이
- 시료점
- 용매

혼합물을 다양한 방법으로 분리하기

세 가지 이상의 물질이 섞인 혼합물은 어떻게 분리할까요? 우선 각 물질의 특성을 정리하여 혼합물을 분리하는 실험을 설계해야 돼요.

예를 들어, 물, 소금, 모래, 식용유가 모두 섞인 혼합물을 분리해 볼까요?

먼저 식용유는 물보다 밀도가 작아 물 위에 떠 있으므로 스포이트를 이용하여 식용유를 분리해요. 그다음 물에 녹지 않는 모래를 거름 장치로 거르고, 물에 녹아 있는 소금은 물을 증발시켜 얻어요. 이제 증발된 수증기를 모아 다시 액화시키면 물을 얻을 수 있어요.

이처럼 물질의 다양한 특성을 이용하면 여러 가지 물질이 섞인 혼합물을 효과적으로 분리할 수 있어요.

개념체크

1 고체 혼합물을 용매에 녹인 다음 용액의 온도를 낮추거나 용매를 증발시켜 순수
  한 고체 물질을 얻는 방법은?

2 혼합물을 이루는 성분 물질이 용매를 따라 이동하는 속도 차를 이용하여 혼합물
  을 분리하는 방법은?

답 1. 재결정 2. 크로마토그래피

탐구 STAGRAM

질산 칼륨의 재결정

Science Teacher

① 물 50 g이 든 비커에 질산 칼륨 35 g과 황산 구리(II) 1 g을 섞어 만든 혼합물을 넣고 모두 녹을 때까지 가열한다.

② 얼음물이 들어 있는 비커에 과정 ①의 비커를 넣고 결정이 생길 때까지 식힌다.

③ 결정이 더 이상 생기지 않으면 거름 장치를 사용하여 과정 ②의 용액을 거른다.

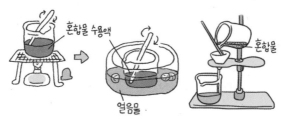

 👍 좋아요 ♥

#용해도 #재결정 #거름장치

 거름종이 위에 흰색 결정이 남고, 거른 용액은 푸른색을 띠는데, 각각 무엇인가요?

 흰색의 결정은 질산 칼륨이 결정으로 석출된 것이고, 푸른색의 용액은 황산 구리(II)가 포함된 질산 칼륨 수용액이에요. 재결정의 과정을 반복하면 질산 칼륨의 순도를 높일 수 있어요.

 이 실험으로 무엇을 알 수 있나요?

 온도에 따른 용해도 차이가 큰 질산 칼륨은 순수한 결정으로 석출되고, 온도에 따른 용해도 차이가 작은 황산 구리(II)는 용액에 그대로 녹아 있어요. 따라서 재결정은 온도에 따른 용해도 차를 이용하여 혼합물을 분리하는 방법이라는 것을 알 수 있어요.

 새로운 댓글을 작성해 주세요.   등록

✎ **이것만은!** · 재결정은 온도에 따른 용해도 차를 이용한 혼합물의 분리 방법이다.
· 재결정에서 온도에 따른 용해도 차가 큰 물질이 결정으로 석출된다.

20 물리 변화와 화학 변화

물질의 성질이 변하지 않으면 물리 변화, 성질이 변하면 화학 변화야!

화학

양배추나 당근을 요리하지 않고 그대로 먹어 본 적이 있나요? 삶거나 볶아서 먹어 본 경험은요? 아마 그대로 먹었을 때와 볶아서 먹었을 때 맛이 달라졌다는 것을 느꼈을 거예요. 채소를 요리하면 맛이 변하는데, 그 까닭은 무엇일까요?

물리 변화

철사는 자석에 잘 붙는 성질이 있어요. 철사를 구부리거나 자른 후에 자석에 가까이 가져가도 자석에 달라붙는 성질은 변하지 않아요. 즉, 철사의 모양이 변하더라도 자석에 붙는 성질은 변하지 않아요. 이처럼 물질의 모양, 크기, 상태가 변하더라도 물질이 가지고 있는 성질은 변하지 않는 현상을 물리 변화라고 해요.

설탕을 물에 녹여 설탕물을 만들면 어떨까요? 설탕은 물에 녹아도 단맛이 유지돼요. 이것은 단맛을 나타내는 설탕 분자가 변하지 않았기 때문이에요. 따라서 설탕의 용

▲ 설탕의 용해 과정 모형

해 과정은 물리 변화에 해당돼요. 물리 변화가 일어나는 동안에는 물질의 성질이 그대로 유지되지만 분자의 배열이 달라지므로 물질의 상태나 모양, 크기 등이 변할 수 있어요.

물리 변화의 예로는 머리핀을 구부리거나 풍선이 부푸는 것처럼 모양이나 크기가 변하는 것, 물이 증발하거나 나프탈렌이 작아지는 등 물질의 상태가 변하는 것, 향수나 음식 냄새가 퍼지는 확산이 일어나는 것,

서로 다른 두 물질을 단순히 혼합하는 것 등이 있어요.

화학 변화

채소를 썰면 썰기 전과 모양만 다를 뿐, 맛은 그대로예요. 그런데 채소를 볶으면 맛이 달라져요. 이처럼 어떤 물질이 본래의 성질과는 전혀 다른 성질의 새로운 물질로 변하는 현상을 **화학 변화**라고 해요.

수소 기체는 불을 가까이 가져가면 '퍽' 소리를 내며 타는 성질이 있고, 염소 기체는 자극적인 냄새가 나는 황록색의 물질로 유색 물질을 하얗게 만드는 표백 작용이 있어요. 그런데 이런 수소와 염소를 반응시키면 성질이 전혀 다른 새로운 물질인 염화 수소가 만들어져요. 염화 수소는 무색의 기체로 굉장히 강한 산성을 띠고 있어요.

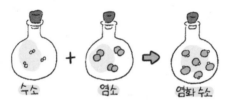

▲ 염화 수소의 생성 과정 모형

이처럼 화학 변화가 일어날 때에는 물질의 성질을 나타내는 가장 작은 입자인 분자의 종류가 변해요. 분자의 종류는 분자를 이루는 원자의 배열에 의해 결정되는데, 원자의 배열이 바뀌면 새로운 분자가 만들어져 이전과 다른 새로운 성질을 갖게 되는 것이에요.

화학 변화가 일어나면 생성되는 물질의 특성에 따라 기체가 발생하거나 색깔, 맛, 냄새가 변하기도 하고, 빛 또는 열이 발생하거나 앙금이 생성되는 등 다양한 현상을 관찰할 수 있어요. 대부분의 물질들은 화학 변화가 일어날 때 몇 가지 현상이 동시에 일어나요. 예를 들어, 상처에 과산화 수소수를 바르면 과산화 수소가 물과 산소로 변하면서 산소에 의해 거품이 생기고, 동시에 열도 발생해요.

 과학 선생님 @Chemistry

Q. 기체가 발생하거나 색이 변하는 것은 무조건 화학 변화에 해당하나요?

항상 그런 것은 아니에요. 예를 들어, 사이다병의 마개를 열 때, 기체가 발생하는 것은 물에 녹아 있던 이산화 탄소가 밖으로 빠져나오는 것이므로 물리 변화예요. 또한, 흑설탕을 물에 녹였을 때, 물의 색이 변하는 것은 흑설탕 분자의 성질 때문이므로 이것도 물리 변화예요.

사이다_기체발생   # 물리변화야   # 흑설탕물은   # 물색이변하지만   # 화학변화가아니야

화학 변화에는 나무나 숯이 타는 등의 연소, 철이나 아연이 녹스는 등 금속이 부식되는 것, 음식이 발효하거나 부패하여 색과 냄새가 변하는 것, 식물이 광합성을 하거나 생물이 호흡하는 것 등이 있어요.

우리 주변에서 일어나는 물질의 변화는 모두 물리 변화와 화학 변화로 나눌 수 있어요. 예를 들어, 설탕을 약한 불로 가열하면 설탕이 융해되어 무색투명한 액체가 되고, 더 가열하면 설탕이 연소되어 물과 이산화 탄소가 만들어져요. 이때 설탕이 융해하는 것은 물리 변화이고, 설탕이 연소하는 것은 화학 변화예요.

또한, 물을 가열했을 때 수증기로 되는 것은 물리 변화이고, 물에 전류를 흘려주어 수소와 산소로 분해시키는 것은 물을 이루는 원자의 배열이 변하여 새로운 분자를 만드는 것이므로 화학 변화에 해당해요.

개념체크

1 물질의 모양이나 상태가 변하더라도 물질이 가지고 있는 성질이 변하지 않는 현상은?

2 어떤 물질이 본래의 성질과는 전혀 다른 성질의 새로운 물질로 변하는 현상은?

답 1. 물리 변화 2. 화학 변화

탐구 STAGRAM

 물의 상태 변화시 성질의 변화 관찰

Science Teacher

① 푸른색 염화 코발트 종이를 물에 대어 본다.
② 시험관에 물을 반 정도 넣고, 입구에 비닐봉지를 씌워 고무줄로 묶는다.
③ 시험관을 가열하여 발생하는 기체를 모은다.
④ 비닐봉지 안에 맺힌 물방울에 푸른색 염화 코발트 종이를 대어 본다.

🎯 좋아요 ♥   #푸른색염화코발트 #상태변화 #물리변화

....

 어떤 결과가 나타나나요?

 실험 전, 푸른색 염화 코발트 종이에 물을 대면 붉은색으로 변해요. 이것은 물만의 성질이에요. 그런데 실험 후, 비닐봉지 안에 맺힌 물방울에 푸른색 염화 코발트 종이를 대어도 붉은색으로 변해요.

 이 실험을 통해 무엇을 알 수 있나요?

 물을 끓여도 물의 고유한 성질이 변하지 않는다는 것을 알 수 있어요. 그래서 물의 상태 변화는 물리 변화에 해당하지요.

 이 실험을 할 때 주의할 사항은 무엇인가요?

 시험관에 들어 있는 물이 갑자기 끓어오를 수 있으므로 끓임쪽을 넣어 주는 것이 좋아요.

 새로운 댓글을 작성해 주세요.   등록

 이것만은!
- 물리 변화는 분자의 종류가 변하지 않으므로 물질의 성질이 변하지 않는다.
- 화학 변화는 분자의 종류가 변하므로 물질의 성질이 변한다.

21 화학 반응과 화학 반응식

화학 변화는 화학 반응을 통해서 일어나!

'나무가 탄다.'라는 표현만으로는 나무에 포함된 성분이 어떤 물질로 변하는지 구체적으로 알 수 없어요. 또한, 우리말을 모르는 사람들은 그 뜻을 이해하지 못해요. 어떻게 표현하면 전 세계의 모든 사람이 화학 변화를 바로 이해할 수 있을까요?

화학 반응

화학 반응은 물질의 화학 변화가 일어나는 반응으로, 어떤 물질의 성질이 변화하는 과정이에요. 즉, 화학 변화는 화학 반응을 통해서 일어나요.

나트륨은 물에 닿으면 수소 기체를 폭발적으로 발생시키는 금속이고, 염소는 독성이 있는 황록색의 기체에요. 그런데 두 물질의 화학 반응으로 만들어진 염화 나트륨은 우리가 먹는 소금의 주성분이에요. 이처럼 화학 반응이 일어나면 물질의 성질이 변해요.

나트륨과 염소가 반응하여 염화 나트륨을 만들 때, 나트륨, 염소와 같이 화학 반응에 참여하는 물질을 **반응물** 또는 **반응 물질**이라고 하고, 염화 나트륨과 같이 반응 후 생성된 새로운 물질을 **생성물** 또는 **생성 물질**이라고 해요.

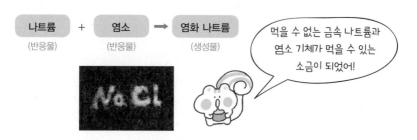

나트륨	+	염소	➡	염화 나트륨
(반응물)		(반응물)		(생성물)

먹을 수 없는 금속 나트륨과 염소 기체가 먹을 수 있는 소금이 되었어!

한편, 우리 가정에서 사용하는 도시가스의 주성분이 무엇인지 아세요? 메테인이라는 기체에요. 메테인 기체는 소와 같은 동물이 되새김질을 할 때 위에서 나오는 기체예요. 메테인이 타면 이산화 탄소와 수증기가 생성되는데, 메테인이 타는 것처럼 물질이 산소와 빠르게 반응하여 열과 빛을 내면서 다른 물질로 변하는 화학 변화를 **연소**라고 해요. 메테인이 연소될 때 메테인과 산소를 이루고 있던 원자들은 흩어져 새로 배열하여 이산화 탄소와 수증기라는 분자로 돼요.

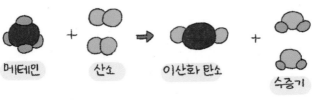

▲ 메테인의 연소 반응 모형

화학 반응은 입자들의 배열 방식에 따라 화합, 분해, 치환, 복분해로 나누어져요. **화합**은 두 종류 이상의 물질이 반응하여 한 종류의 새로운 물질을 만드는 화학 반응이에요.

▲ 화합 모형

화합의 예로는 철과 황을 섞어 가열하여 황화 철을 만드는 것, 구리와 산소를 섞어 가열하여 산화 구리(Ⅱ)를 만드는 것 등이 있어요.

▲ 화합의 예

분해는 한 종류의 물질이 두 종류 이상의 물질로 나누어지는 화학 반응이에요. 화합 반응과 분해 반응의 모형을 비교하면, 두 반응은 서로 반대라는 것을 알 수 있어요.

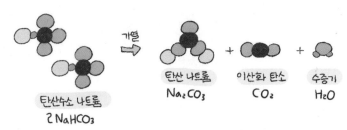

```
AB → A + B
```

▲ 분해 모형

분해 반응은 물질을 분해하는 방법에 따라 열 분해, 촉매 분해, 전기 분해 등으로 나누어져요. **열 분해**는 열에 의해 화합물이 나누어지는 반응이에요. 예를 들어, 시험관에 탄산수소 나트륨을 넣고 가열하면 시험관 입구에 물방울이 맺히고, 집기병에 기체가 모여요. 시험관 입구에 맺힌 물방울은 푸른색 염화 코발트 종이를 붉게 변화시키는 물이라는 것을 알 수 있고, 집기병에 모인 기체는 석회수를 뿌옇게 흐리는 이산화 탄소라는 것을 알 수 있어요. 시험관 안에는 고체 탄산 나트륨이 생성돼요.

탄산 나트륨
Na_2CO_3

이산화 탄소
CO_2

수증기
H_2O

탄산수소 나트륨
$2\ NaHCO_3$

가열

▲ 탄산수소 나트륨의 열 분해 반응 모형

열 분해의 또 다른 예로는 산화 은을 가열할 때 산소와 은이 생성되는 것, 산화 수은을 가열할 때 산소와 수은이 생성되는 것, 탄산 칼슘을 가열할 때 산화 칼슘과 이산화 탄소가 생성되는 것 등이 있어요.

촉매 분해는 촉매에 의해 화합물이 나누어지는 반응이에요. **촉매**란 다른 물질의 화학 반응 속도를 변화시키는 데 사용되는 물질로서, 화학 반

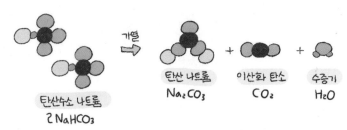

응이 일어나는 동안 자신은 변하지 않아요. 그래서 촉매는 반응 후에도 질량이 변하지 않고, 생성물의 양에 영향을 미치지 않아요.

예를 들어, 소독약으로 쓰이는 과산화 수소는 상온에서는 굉장히 느리게 물과 산소로 분해돼요. 그런데 이산화 망가니즈라는 촉매를 사용하면 훨씬 빨리 분해돼요.

전기 분해는 전기 에너지에 의해 화합물이 분해되는 반응이에요.

예를 들어, 수산화 나트륨을 조금 녹인 물에 전류를 흘려주면 물이 수소 기체와 산소 기체로 분해돼요. (+)극에 불꽃을 가까이 가져가면 불꽃이 커지는 것을 통해 산소가 발생하는 것을 알 수 있고, (−)극에 불꽃을 가까이 가져가면 '퍽' 소리를 내며 타는 것을 통해 수소가 발생하는 것을 알 수 있어요.

한편, **치환**은 화합물을 구성하던 성분의 일부가 다른 성분으로 바뀌는 화학 반응이에요.

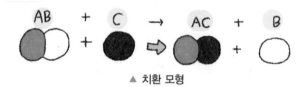

▲ 치환 모형

예를 들어, 구리선을 질산 은 수용액에 담그면, 구리는 구리 이온이 되면서 용액의 색이 푸른색으로 변하고, 수용액에 녹아 있던 은 이온은 구리선 표면에 흰색의 은으로 석출돼요.

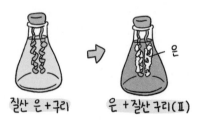

질산 은 + 구리　　은 + 질산 구리(Ⅱ)

복분해는 두 종류의 화합물이 반응할 때 서로의 성분을 바꾸어 새로운 두 종류의 화합물을 만드는 화학 반응이에요.

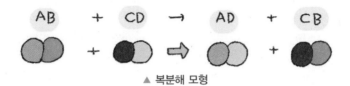

▲ 복분해 모형

예를 들어, 염화 나트륨 수용액과 질산 은 수용액을 섞으면 물에 녹지 않는 흰색의 염화 은이 만들어져요.

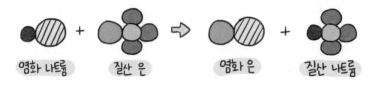

화학 반응식

전 세계의 모든 사람이 화학 반응을 쉽게 이해할 수 있도록 간단하게 표현할 수 있는 방법은 없을까요? 그것은 입자 모형 대신에 화학식을 이용하는 것이에요.

화학 변화가 일어날 때 물질들의 변화를 화학식과 기호로 나타낸 식을 화학 반응식이라고 해요. 화학 변화를 화학 반응식으로 나타내면 화학 변화가 의미하는 것을 정확히 표현할 수 있어요.

화학 반응식을 만들 때 주의할 점은 화학 반응이 일어날 때 원자의 배열만 달라질 뿐 원자가 없어지거나 생기지 않기 때문에 원자의 종류와 개수가 변하지 않도록 표현해야 해요.

물의 생성을 예로 들어 화학 반응식 만드는 법을 살펴보면 다음과 같아요.

화학 반응식 만드는 방법

1단계: 화살표(→)를 기준으로 반응물은 왼쪽, 생성물은 오른쪽에 쓰고, 반응물과 생성물이 두 가지 이상인 경우에는 +로 연결해요.

수소 + 산소 → 물

2단계: 반응물과 생성물을 화학식으로 바꿔요.

$H_2 + O_2 → H_2O$

3단계: 화살표 양쪽의 원자의 종류와 수가 같도록 각 화학식 앞의 계수를 맞춰요. (단, 1은 생략)

$2H_2 + O_2 → 2H_2O$

4단계: 반응물과 생성물을 구성하는 원자의 종류와 수가 같은지 확인해요.

화학 반응식을 보면 반응물과 생성물의 종류, 반응물과 생성물을 이루는 원자의 종류와 개수, 반응물과 생성물의 분자 수의 비율 등 많은 정보를 알 수 있어요.

 과학 선생님 @Chemistry

Q. 화학 반응식으로 물질의 상태도 표현할 수 있나요?

네, 가능해요. 각 물질의 화학식 뒤에 기체는 (g), 액체는 (l), 고체는 (s), 수용액은 (aq)로 나타내요. 여기에 기체가 발생하는 경우에는 위로 향한 화살표(↑)를, 앙금이 생성되는 경우에는 아래로 향한 화살표(↓)를 덧붙일 수 있어요.

\#

개념체크

1 두 종류 이상의 물질이 반응하여 한 종류의 새로운 물질을 만드는 화학 반응은?
2 화학 변화가 일어날 때 물질들의 변화를 화학식과 기호로 나타낸 식은?

답 1. 화합 2. 화학 반응식

22 질량 보존 법칙

화학 반응이 일어날 때 질량은 변하지 않아!

같은 수의 장난감 블록을 사용하여 여러 모양의 집을 각각 만든다고 생각해 보세요. 이처럼 사용한 수의 블록의 수가 같을 때 집 모양에 따라 질량이 달라질까요?

앙금 생성 반응에서의 질량 보존

여러 모양의 블록을 모두 사용하여 집 모형을 만든다면, 어떤 모양을 만들더라도 집의 모양만 바뀔 뿐 사용한 블록이 같으므로, 집 모형의 질량은 만들기 전 블록의 전체 질량과 같겠지요?

화학 반응이 일어날 때는 반응 전과 반응 후 질량에 차이가 있을까요? 아래와 같이 염화 나트륨 수용액과 질산 은 수용액이 반응하면 염화 은과 질산 나트륨이 생성돼요.

▲ 염화 나트륨과 질산 은의 앙금 생성 반응

그리고 반응 전후에 물질의 전체 질량은 변하지 않아요. 그 이유는 반응물을 구성하는 원자들이 배열을 달리하여 새로운 물질을 생성할 뿐, 물질을 구성하는 원자가 없어지거나 새로 생성되지는 않았기 때문이에요. 염화 나트륨 수용액과 질산 은 수용액을 섞으면 염화 이온과 은 이온이 반응하여 흰색 앙금인 염화 은을 만들고, 나트륨 이온과 질산 이온은 수용액 속에 그대로 남아 있어요. 따라서 앙금 생성 반응이 일어날 때, 물질의 질량은 보존된다고 할 수 있어요.

기체가 발생하는 반응에서의 질량 보존

탄산 칼슘과 염산을 반응시키면 다음과 같은 반응이 일어나 이산화 탄소가 발생해요.

탄산 칼슘   +   묽은 염산   ➡   염화 칼슘   +   물   +   이산화 탄소

▲ 탄산 칼슘과 묽은 염산의 반응

이때 반응 용기의 마개를 열어 놓고 반응을 시키면 발생한 이산화 탄소 기체가 공기 중으로 빠져나가기 때문에 반응하기 전보다 질량이 작게 측정돼요. 그런데 밀폐된 용기 안에서 같은 실험을 하면 이산화 탄소 기체가 밖으로 빠져나가지 못하므로 반응 후 전체 질량은 반응 전과 달라지지 않아요. 즉, 염화 칼슘, 물과 함께 생성된 이산화 탄소의 질량을 포함하면 반응 전후 전체 질량은 변하지 않고, 보존된다는 것을 알 수 있어요.

이와 같이 기체가 발생하는 화학 반응에서도 물질을 구성하는 원자들의 배열이 바뀔 뿐, 원자가 없어지거나 새로 생성되지 않으므로, 반응에서 질량은 보존된다고 할 수 있어요.

연소 반응에서의 질량 보존

강철 솜을 태우면 공기 중의 산소와 반응하여 산화 철을 생성해요. 열린 공간에서 강철 솜을 태우면 공기 중의 산소가 철과 결합하기 때문에 반응 전보다 질량이 크게 측정돼요. 그런데 밀폐된 공간에서 같은 실험을 하면 강철 솜과 반응할 산소가 밀폐된 공간 안에 있기 때문에 물질 전체의 질량은 반응 전과 달라지지 않아요. 즉, 금속이 연소하는 반응에서도 물질의 질량은 보존되는 것이에요.

▲ 강철 솜의 연소

질량 보존 법칙

1772년에 프랑스 과학자 라부아지에는 실험을 통해 화학 반응이 일어날 때, 반응하기 전 물질의 전체 질량은 반응 후 물질의 전체 질량과 같다는 것을 발견했어요. 이것을 **질량 보존 법칙**이라고 해요.

질량 보존 법칙
반응물의 총 질량 = 생성물의 총 질량

화학 반응에서 질량 보존 법칙이 성립하는 이유는 화학 변화가 일어나더라도 물질을 구성하는 원자의 배열만 달라질 뿐, 원자의 종류와 개수가 변하지 않기 때문이에요. 이러한 질량 보존 법칙은 물리 변화와 화학 변화 모두에서 성립해요.

개념체크

1 화학 반응 전후에 물질의 총 질량이 일정하다는 법칙은?
2 질량 보존 법칙을 발견한 과학자는?

답 1. 질량 보존 법칙 2. 라부아지에

탐구 STAGRAM

 기체가 발생하는 반응에서의 질량 변화

Science Teacher

① 묽은 염산을 넣은 바이알과 마그네슘
리본을 함께 전자저울에 올려놓고 질
량을 측정한다.
② 마그네슘 리본을 바이알 속에 넣는다.
③ 마그네슘과 묽은 염산이 반응할 때
일어나는 변화를 관찰하고, 질량을 측정한다.

 좋아요 ♥   #마그네슘리본 #묽은염산 #기체발생 #질량보존

 어떤 결과가 나타나나요?

　　 반응 전에는 총 질량이 44 g이었는데 반응 후 43.8 g으로 감소했어요.

 반응 후 질량이 감소했으니 질량 보존이 성립하지 않는 것인가요?

　　 아니에요. 반응 후에 질량이 작게 측정된 것은 묽은 염산과 마그네슘
이 반응하면서 발생한 수소 기체가 공기 중으로 날아갔기 때문이에
요. 즉, 공기 중으로 날아간 수소 기체의 질량만큼 작게 측정된 것이
에요. 수소의 질량을 고려하면 반응 전과 후의 질량은 같으므로 질량
보존 법칙이 성립함을 알 수 있어요.

 기체가 발생하는 실험에서 질량 보존 법칙을 증명하려면 어떻게 실험을 설계해
야 할까요?

　　 기체가 공기 중으로 날아가지 않도록 뚜껑을 닫고 실험하면 돼요.

 │ 새로운 댓글을 작성해 주세요.   │ 등록

🖊 이것만은! ・질량 보존 법칙은 물리 변화와 화학 변화에서 모두 성립한다.
　　　　　　・기체가 발생하는 반응에서는 공기 중으로 날아간 기체의 질량까지 고려해야 질량 보존
　　　　　　　법칙이 성립함을 설명할 수 있다.

23 일정 성분비 법칙

화합물을 구성하는 성분 원소는 일정한 비율로 결합해!

장난감 자동차 1대를 만들기 위해 몸체 1개와 바퀴 4개가 필요하다면 몸체 5개와 바퀴 12개로 만들 수 있는 장난감 자동차는 몇 대일까요?

금속의 연소 반응에서의 질량비

장난감 자동차 1대를 만들 때 필요한 몸체와 바퀴의 비가 1 : 4이므로 몸체 5개를 모두 자동차를 만드는 데 사용하기 위해서는 바퀴가 20개 필요해요. 그런데 바퀴는 총 12개밖에 없으니 몸체 3개만 자동차를 만드는 데 쓰이고 나머지 2개는 남겠지요.

화합물을 이루는 성분 원소 사이에도 이와 같은 규칙성이 존재해요. 구리 가루를 공기 중에서 연소시키면 구리가 공기 중에 있는 산소와 결합하여 검은색의 산화 구리(Ⅱ)로 변해요. 여기서 생성된 산화 구리(Ⅱ)의 질량은 반응에 참여한 구리와 산소의 총 질량과 같으며, 이것은 질량 보존 법칙으로 설명할 수 있어요.

$$2Cu + O_2 \rightarrow 2CuO$$

그리고 연소하는 구리의 질량이 증가할수록 생성되는 산화 구리(Ⅱ)의 질량이 증가해요. 이때 생성된 산화 구리(Ⅱ)를 이루는 구리와 산소의 질량비는 모두 4 : 1로 같다는 것을 실험으로 알 수 있어요. 즉, 구리와 산소는 항상 4 : 1의 일정한 질량비로 반응하여 산화 구리(Ⅱ)를 만들어요. 이처럼 금속이 산소와 연소할 때 반응하는 금속과 산소의 질량비는 일정해요.

과학 선생님 @Chemistry

Q. 산화 구리(Ⅱ)에서 괄호 안의 로마 숫자는 무엇을 뜻하나요?

구리와 산소가 반응하면 CuO와 Cu₂O 등 다양한 산화 구리가 생성돼요. 그래서 각각을 구분하기 위하여 구리 이온의 전하량을 로마 숫자로 괄호 안에 표시해요. 산화 구리(Ⅱ)는 산소와 결합한 구리의 전하량이 +2라는 뜻이므로 산화 구리(Ⅱ)는 CuO로 표현하는 것이죠.

#산화구리(Ⅱ) #로마숫자 #전하량표현이구나

물의 합성 반응에서의 질량비

수소와 산소가 혼합된 기체에 전기 불꽃을 점화시키면 수소와 산소가 반응하여 물이 생성돼요. 이때 생성된 물의 질량은 반응에 참여한 수소와 산소의 총 질량과 같고, 연소하는 수소의 질량이 증가할수록 생성되는 물의 질량이 증가해요.

$$2H_2 + O_2 \rightarrow 2H_2O$$

여기서 물을 이루는 수소와 산소의 질량비는 1 : 8이에요. 즉, 수소와 산소는 항상 1 : 8의 일정한 질량비로 반응하여 물을 만들어요. 이처럼 물을 만드는 반응에서도 수소와 산소의 질량비는 일정해요.

일정 성분비 법칙

앞에서 살펴본 것처럼 산화 구리(Ⅱ)를 이루는 구리와 산소 사이에는 4 : 1, 물을 이루는 수소와 산소 사이에는 1 : 8의 질량비가 존재해요. 이처럼 한 화합물을 구성하는 성분 원소 사이에는 일정한 질량비가 성립하는데, 이를 **일정 성분비 법칙**이라고 해요. 일정 성분비 법칙은 1799년에 프랑스의 과학자 프루스트가 제안했어요.

> **일정 성분비 법칙**
> 한 화합물을 구성하는 성분 원소의 질량비는 항상 일정

산화 구리(Ⅱ)를 이루는 구리와 산소의 질량비는 4 : 1로 일정한데, 이는 산화 구리(Ⅱ)를 이루는 구리 원자와 산소 원자가 항상 1 : 1의 개수비로 결합하고, 구리와 산소의 상대적인 질량비가 4 : 1이기 때문이에요.

> 성분 원소의 질량비 = 구리 : 산소
> $= 4 \times 1 : 1 \times 1 = 4 : 1$

물의 경우도 마찬가지에요. 물을 이루는 수소와 산소의 질량비는 1 : 8로 일정한데, 이는 물 분자 1개는 산소 원자 1개와 수소 원자 2개가 결합하여 만들어지고, 수소 원자와 산소 원자의 상대적인 질량비가 1 : 16이기 때문이에요.

> 성분 원소의 질량비 = 수소 : 산소
> $= 1 \times 2 : 16 \times 1 = 1 : 8$

이처럼 일정 성분비 법칙은 화합물을 구성하는 원자의 개수비가 일정하기 때문에 성립해요. 일정 성분비 법칙은 혼합물에서는 성립하지 않고, 화합물에서만 성립해요. 혼합물은 성분 물질의 양에 따라 혼합 비율이 달라지기 때문에 일정 성분비 법칙이 성립하지 않아요. 즉, 일정 성분비 법칙은 물리 변화에서는 성립하지 않고, 화학 변화(화학 반응)에서만 성립하지요.

화합물을 구성하는 성분 원소는 같지만 질량비가 서로 다른 물질이 있어요.

예를 들어, 물 분자는 수소 원자 2개와 산소 원자 1개로 이루어져 있고, 물을 이루는 수소와 산소의 질량비는 1 : 8이에요. 그러나 소독약에 쓰이는 과산화 수소 분자는 수소 원자 2개와 산소 원자 2개로 이루어져 있고, 과산화 수소를 이루는 수소와 산소의 질량비는 1 : 16이에요.

▲ 물과 과산화 수소를 이루는 성분 원소의 질량비

즉, 물과 과산화 수소는 성분 원소의 종류는 같지만, 성분 원소의 질량비가 다르므로 서로 다른 화합물이에요.

 과학 선생님 @Chemistry

Q. 각 물질에서 반응하는 질량비는 외워야 하나요?

질량비는 외우는 것은 아니에요. 화학 반응식을 보고 각 원소가 몇 대 몇의 비율로 반응하는지를 확인하고 주어진 자료를 통해 몇 대 몇의 질량비로 반응하는지 파악할 수 있기만 하면 된답니다.

#화학반응식_자료로_파악 #질량비 #외우지_않아도돼!

개념체크

1 한 화합물을 구성하는 성분 원소 사이에는 일정한 질량비가 성립한다는 법칙은?

2 물을 이루는 수소와 산소의 질량비는?

답 1. 일정 성분비 법칙 2. 1 : 8

24 기체 반응 법칙

기체는 일정한 부피비로 반응해!

19세기 유럽에는 식량이 부족하여 위기가 있었어요. 그런데 이 위기를 독일의 과학자 하버가 질소 비료의 원료인 암모니아를 합성함으로써 벗어날 수 있었지요. 암모니아 기체는 수소와 공기 중의 질소를 반응시켜 만들어요. 이런 기체 사이의 반응에서만 적용되는 법칙이 있는데, 과연 무엇일까요?

기체 반응 법칙

　수소 기체와 산소 기체가 반응하면 수증기가 생성돼요. 수증기가 생성될 때에는 공급된 수소와 산소의 부피에 관계없이 수소 기체와 산소 기체는 항상 2 : 1의 부피비로 반응해요.

수소 2부피　　+　　산소 1부피　→　수증기 2부피

　이처럼 같은 온도와 압력에서 기체가 반응하여 새로운 기체를 생성할 때 각 기체 사이에는 일정한 부피비가 성립하는데, 이를 **기체 반응 법칙**이라고 해요. 기체 반응 법칙은 1808년에 프랑스의 과학자 게이 뤼삭이 몇 가지 기체의 반응을 토대로 발표했어요.

　기체의 부피는 온도와 압력에 따라 변하기 때문에 기체 반응 법칙은 온도와 압력이 일정하다는 조건에서만 성립해요. 또한, 기체가 반응하여 새로운 기체가 생성될 때만 성립하므로 반응물이나 생성물에 액체나 고체가 포함된 경우에는 기체 반응 법칙으로 설명할 수 없어요.

> **기체 반응 법칙**
> 같은 온도와 압력에서 기체가 반응하여 새로운 기체를 생성할 때, 각 기체의 부피비는 항상 일정

기체 반응 법칙은 화학 반응식과 아주 밀접한 관계가 있어요. 수소와 산소가 반응하여 수증기가 만들어지는 반응을 화학 반응식으로 나타내면 다음과 같아요.

> 수소 + 산소 → 수증기
> $2H_2 + O_2 \Rightarrow 2H_2O$

이 화학 반응식에서 각 물질의 화학식 앞에 있는 큰 숫자(계수)는 H_2 : O_2 : H_2O = 2 : 1 : 2인데, 이것은 수증기를 만드는 실험에서 알게 된 수소 : 산소 : 수증기의 부피비와 같아요. 따라서 화학 반응식의 계수비로 기체의 부피비를 알 수 있어요. 이때 화학 반응식에서 계수비의 숫자 '1'은 보통 생략해요.

계수 $2H_2$ + $1O_2$ → $2H_2O$

부피비

수소 2부피   +   산소 1부피   →   수증기 2부피

수소와 염소가 반응하여 염화 수소가 생성되는 반응도 반응하는 기체와 생성되는 기체 사이의 부피비가 H_2 : Cl_2 : HCl = 1 : 1 : 2로 화학 반응식의 계수비와 일치해요.

수소 1 부피   +   염소 1부피   →   염화 수소 2부피
H_2 + Cl_2 → $2HCl$

게다가 일산화 탄소와 산소가 반응하여 이산화 탄소를 생성하는 반응에서도 반응하는 기체와 생성되는 기체 사이의 부피비가 $CO : O_2 : CO_2 = 2 : 1 : 2$로 화학 반응식의 계수비와 일치해요.

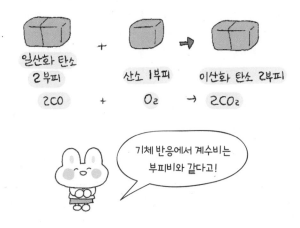

이처럼 기체의 종류에 관계없이 온도와 압력이 일정하면 같은 부피 속에 같은 수의 기체 분자가 있어요. 이를 **아보가드로 법칙**이라고 해요. 기체는 분자 수에 비례하여 부피를 차지해요. 그래서 기체의 부피가 2

아보가드로 법칙

수소 기체와 산소 기체가 반응하여 수증기가 생성되는 화학 반응과 기체의 부피 관계를 함께 나타낸 분자 모형을 살펴볼까요? 아래 그림을 보면 수소, 산소, 수증기는 모두 한 개의 부피마다 수소 분자, 산소 분자, 수증기 분자가 각각 1개씩 들어 있는 것을 볼 수 있어요.

▲ 수증기 생성 반응에서 기체의 부피와 분자 수

이처럼 기체의 종류에 관계없이 온도와 압력이 일정하면 같은 부피 속에 같은 수의 기체 분자가 있어요. 이를 **아보가드로 법칙**이라고 해요. 기체는 분자 수에 비례하여 부피를 차지해요. 그래서 기체의 부피가 2

배가 되면 그 속에 포함된 기체 분자의 수도 2배로 늘어나요. 아보가드로는 기체 반응 법칙을 설명하기 위해 가설을 발표하였고, 이 가설이 나중에 증명되어 법칙이 되었어요.

> **아보가드로 법칙**
> 온도와 압력이 일정할 때, 모든 기체는 같은 부피 속에 같은 수의 분자를 가짐

예를 들면, 25 °C, 1기압에서 1 L 용기 속에 들어 있는 수소, 산소, 질소 기체의 분자 수는 모두 같다는 말이야!

따라서 기체 반응에서는 각 기체의 부피 사이에 간단한 정수비가 성립하며, 기체의 부피비는 화학 반응식의 계수비와 같답니다.

 과학 선생님 @Chemistry

Q. 기체의 종류마다 크기가 다른데 아보가드로 법칙이 어떻게 성립하는 건가요?
기체 부피의 대부분은 빈 공간이라고 할 정도로 기체 분자의 크기는 분자 사이의 거리에 비해 매우 작아요. 그래서 기체 분자의 크기는 전체 기체의 부피에 거의 영향을 주지 않는다고 생각할 수 있어요. 따라서 어떤 기체라도 기체 한 분자가 차지하는 공간은 같은 온도와 압력에서 항상 같아요.

#기체_부피_속 #기체_분자는 #내_방안 #작은 #개미 #한_마리와 #같지

> 🛩️ **개념체크**
>
> 1 같은 온도와 압력에서 기체가 반응하여 새로운 기체를 생성할 때 각 기체 사이에 일정한 부피비가 있다는 법칙은?
> 2 같은 온도와 압력에서 모든 기체는 같은 부피 속에 같은 수의 분자를 포함한다는 법칙은?
>
> 📋 1. 기체 반응 법칙 2. 아보가드로 법칙

25 화학 반응에서의 에너지 출입

화학 반응이 일어날 때 열에너지를 흡수하거나 방출해!

야행성 곤충은 추운 밤이 되면 따뜻한 곳을 찾아 이동해요. 어떤 야행성 곤충은 스스로 열을 내는 토란꽃에 머물러 있기도 하는데, 토란꽃은 어떠한 원리로 열을 내는 것일까요?

발열 반응

우리 주변에서는 다양한 화학 반응이 일어나요. 이러한 화학 반응이 일어날 때 주위의 온도가 올라가거나 내려가는 등 온도 변화가 나타나요. 이것은 화학 반응이 일어날 때 반응물이 열을 방출하거나 흡수하기 때문이에요.

TV나 영화에서 나뭇가지를 모아 불을 피우는 모습을 본 적이 있을 거예요. 나무가 탈 때 빛과 함께 열이 발생하므로 불을 쬐면 따뜻함을 느낄 수 있어요. 이처럼 화학 반응이 일어날 때 열을 방출하는 반응을 발열 반응이라고 해요.

발열 반응에서는 반응물이 생성물로 변하면서 에너지가 작아지고, 반응물과 생성물이 가지고 있던 에너지 차이만큼의 열을 방출해서 주위의 온도가 올라가요.

▲ 발열 반응의 진행과 에너지의 변화

대표적인 발열 반응으로 석탄이나 석유 등의 연료가 연소하는 반응을 들 수 있어요. 또 몸안의 세포 속에서 영양분을 분해하는 세포 호흡도 발열 반응에 해당돼요. 이밖에 철이 공기 중의 산소와 반응하여 녹스는 등 금속이 부식되는 반응, 휴대용 손난로 속에 들어 있는 철가루와 산소의 반응, 마그네슘과 같은 금속의 연소 반응, 아연과 염산의 반응과 같은 금속과 산의 반응, 염산과 수산화 나트륨의 반응과 같은 산과 염기의 반응 등이 있어요.

흡열 반응

손목이나 발목이 부으면 열이 나지요? 이럴 때 응급 처치용으로 휴대용 냉각 팩을 사용하면 열을 식히고 부기를 뺄 수 있어요. 이것은 냉각 팩 속에 들어 있는 성분이 주위의 열을 흡수하기 때문이에요. 이처럼 화학 반응이 일어날 때 열을 흡수하는 반응을 흡열 반응이라고 해요.

흡열 반응에서는 반응물이 생성물로 변하면서 에너지가 커지고, 반응물과 생성물이 가지고 있던 에너지 차이만큼의 열을 흡수하므로 주위의 온도가 내려가요.

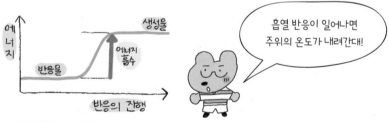

▲ 흡열 반응의 진행과 에너지의 변화

흡열 반응으로는 식물의 광합성, 휴대용 냉각 팩에 들어 있는 물질의 반응, 탄산수소 나트륨이나 산화 은의 열분해 반응, 물의 전기 분해 반응, 수산화 바륨과 질산 암모늄의 반응 등이 있어요.

특히 설탕 과자나 빵을 만들 때 베이킹파우더를 넣는데, 이것은 베이킹파우더의 주성분인 탄산수소 나트륨이 열분해 되어 발생하는 이산화 탄소가 설탕 과자나 빵을 부풀게 하기 때문에 사용하는 것이에요.

반응열 측정

화학 반응이 일어나는 동안 방출하거나 흡수하는 열을 **반응열**이라고 해요. 그런데 이러한 반응열은 어떻게 측정할 수 있을까요?

과자를 태우면 열이 발생해요. 이때 발생하는 열로 물을 가열하면, 물이 받은 열의 양으로 과자가 연소할 때 발생하는 반응열을 짐작할 수 있어요. 그런데 이러한 경우, 과자가 연소할 때 발생하는 열이 공기 중으로 손실되어 실제보다 반응열이 작게 측정될 수 있어요. 그래서 손실되는 열을 최소로 하여 반응열을 더 정확하게 측정하기 위하여 **열량계**라는 기구를 이용하여 반응열을 측정해요.

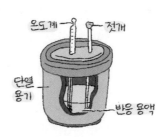

▲ 간이 열량계의 구조

🔍 개념체크

1 화학 반응이 일어날 때 열을 방출하는 반응은?
2 화학 반응이 일어나는 동안 방출하거나 흡수하는 열은?

답 1. 발열 반응 2. 반응열

탐구 STAGRAM

 두 물질의 반응으로 보는 흡열 반응

Science Teacher

① 삼각 플라스크에 수산화 바륨과 질산 암모늄을 10 g씩 넣는다.
② 물을 조금 적신 나무판 위에 삼각 플라스크를 올려놓는다.
③ 유리 막대로 두 물질을 충분히 섞은 후 온도를 측정하고, 삼각 플라스크를 들어 본다.

수산화 바륨
+질산 암모늄
나무판

🎯 좋아요 ♥   # 수산화바륨 # 질산암모늄 # 냉각 # 흡열반응

 어떤 결과가 나타나나요?

 두 물질을 섞으면 온도가 점점 내려가요. 그래서 나무판을 적신 물이 얼어 삼각 플라스크를 들면 나무판이 달라붙은 채로 같이 움직여요.

 이러한 반응을 무엇이라고 하나요?

 화학 반응이 일어나면서 주변의 열을 흡수하여 주변의 온도가 낮아지므로 흡열 반응이라고 해요.

 흡열 반응은 왜 일어나나요?

 반응물보다 생성물의 에너지가 높아서 반응물이 생성물로 변하기 위해 필요한 에너지만큼 주위의 열을 흡수해요. 그래서 주위의 온도가 내려가요.

 새로운 댓글을 작성해 주세요.   등록

 이것만은!
• 수산화 바륨과 질산 암모늄을 반응시키면 흡열 반응이 일어난다.
• 흡열 반응이 일어나면 주위의 온도가 내려간다.

물리

가속도 일정 시간 동안의 속력의 변화

검전기 정전기 유도 현상을 이용하여 물체의 대전 여부, 물체에 대전된 전하의 양을 비교할 수 있는 도구

골 파동의 가장 낮은 곳

과학에서의 일 물체에 힘을 가하여 물체를 힘의 방향으로 이동시키는 것

관성 물체가 원래의 운동 상태를 유지하려는 성질

광원 스스로 빛을 내는 물체

난반사 거친 표면에 입사한 빛이 여러 방향으로 반사하는 것

단색광 특정한 한 가지 색으로 보이는 빛

대류 액체나 기체 상태의 물질이 직접 다른 곳으로 이동하면서 열을 전달하는 현상

대전 물체가 전기적 성질을 띠는 현상

대전체 전자의 이동으로 전기를 띤 물체

마루 파동의 가장 높은 곳

마찰 전기 두 물체를 마찰시키면 발생하는 전기

마찰력 두 물체의 접촉면 사이에서 물체의 운동을 방해하는 힘

매질 파동을 전달하는 물질

무게 물체에 작용하는 중력의 크기

반사 광선 빛이 반사면에 부딪혀 반사되는 빛

반사 법칙 빛이 반사할 때 입사각과 반사각의 크기는 항상 같다는 법칙

발열량 전류의 열작용 때문에 발생한 열의 양

발전기 역학적 에너지가 전기 에너지로 전환되는 장치

백색광 햇빛과 같이 여러 가지 색의 빛이 합쳐진 빛

법선 빛의 반사에서 반사면과 수직인 선

복사 전달 물질 없이 열이 직접 전달되는 현상

부력 액체나 기체에 담긴 물체를 뜰 수 있게 밀어 올리는 힘

비열 어떤 물질 1 kg의 온도를 1 ℃ 높이는 데 필요한 열량

빛의 굴절 빛이 진행하다가 두 물질의 경계면을 지나면서 진행 방향이 꺾이는 현상

빛의 반사 직진하던 빛이 물체에 부딪혀 진행 방향을 바꾸어 되돌아 나오는 현상

빛의 삼원색 빨간색, 초록색, 파란색의 빛으로, 여러 가지 색의 빛을 만드는 기본이
 되는 빛

빛의 합성 여러 가지 색의 빛이 합쳐져 다른 색의 빛이 만들어지는 현상

상 거울에 비춰 보이는 물체의 모습

섭씨온도 1기압에서 물의 어는점을 0 ℃, 끓는점을 100 ℃로 하여 그 사이를 100등분
 한 온도

소리 물체의 진동 때문에 발생한 공기 입자의 진동이 사방으로 전달되는 파동, 음파
 라고도 함

소리의 3요소 소리의 크기, 소리의 높낮이, 소리의 맵시

속력 물체가 운동할 때 단위 시간 동안 이동한 거리

실상 빛이 한 점에 모여 생기는 상

에너지 일을 할 수 있는 능력

역학적 에너지 운동 에너지와 위치 에너지의 합

열량 온도가 높은 물체에서 온도가 낮은 물체로 이동한 열의 양

열용량 어떤 물체의 온도를 1 ℃ 높이는 데 필요한 열량

열팽창 물체가 열을 받아 온도가 올라가서 물체의 부피가 팽창하는 현상

열평형 상태 두 물체의 온도가 같아져 양방향으로 이동하는 열이 균형을 이룬 상태

온도 물체의 차고 뜨거운 정도를 수치로 나타낸 것

옴의 법칙 전류와 전압은 비례한다는 법칙

운동 시간에 따라 물체의 위치가 변하는 것

운동 에너지 운동하는 물체가 지닌 에너지

위치 에너지 중력 또는 탄성력 때문에 생기는 에너지

유도 전류 전자기 유도 때문에 코일에 흐르는 전류

인력 서로 다른 종류의 전기를 띤 물체끼리 서로 끌어당기는 힘

입사 광선 반사면을 향해 들어오는 빛

자기력 자석과 자석 또는 자석과 쇠붙이 사이에 작용하는 힘

자기력선 자기력이 작용하는 방향을 나타낸 선

자기장 자기력이 미치는 공간

전기 에너지 전자의 이동을 통해 일을 하거나 다른 에너지를 발생시킬 수 있는 에너지

전기 저항 전류의 흐름을 방해하는 정도

전기력 전기를 띠는 두 물체 사이에 작용하는 힘

전도 고체에서 물질을 이루고 있는 입자의 운동이 이웃한 입자에 차례대로 전달되어 열이 이동하는 현상

전력량 일정 시간 동안 전기 기구에서 사용한 전기 에너지의 양

전류 전하의 흐름

전류계 전류를 측정하는 장치

전류의 세기 1초 동안 도선의 한 단면을 통과하는 전하의 양

전류의 열작용 저항에 전류가 흐를 때 열이 발생하는 현상

전압 전류를 흐르게 하는 능력

전압계 전압을 측정하는 장치

전자기 유도 현상 자석을 코일 안에 넣거나 뺄 때 검류계의 바늘이 움직이는 현상

전자기력 자기장 속에서 전류가 흐르는 도선이 받는 힘

전하량 도선의 한 단면을 통과하는 전하의 양

전하량 보존 법칙 전하는 없어지거나 새로 생겨나지 않고 항상 일정하게 보존된다는 법칙

절대 온도 분자 운동이 활발한 정도를 나타내는 온도로, 분자 운동이 완전히 멈추었을 때 절대 온도는 0 K

정격 소비 전력 정격 전압을 걸어줄 때 그 전기 기구가 1초 동안 사용하는 전기 에너지의 양

정격 전압 전기 기구가 정상적으로 작동할 수 있는 전압

정반사 매끄러운 표면에 입사한 빛이 일정한 방향으로 반사하는 것

정전기 흐르지 않고 한곳에 머물러 있는 전기

정전기 유도 현상 대전된 물체를 금속에 가까이 할 때 금속에서 대전체와 가까운 쪽은 대전체와 다른 종류의 전하가, 대전체와 먼 쪽은 대전체와 같은 종류의 전하가 유도되는 현상

종파 매질의 진동 방향이 파동의 진행 방향에 나란한 파동

주기 매질의 한 점이 한 번 진동하는 데 걸리는 시간 또는 파동이 한 파장만큼 진행하는 데 걸리는 시간

중력 가속도 지상에서 중력을 받아 운동하는 물체가 질량에 관계없이 일정 시간 동안 속력이 일정하게 변하는 것

중력 지구가 물체를 당기는 힘

진동수 매질의 한 점이 1초 동안 진동하는 횟수

진폭 진동 중심에서 마루 또는 골까지의 수직 거리

질량 물체가 가진 고유한 양

척력 같은 종류의 전기를 띤 물체끼리 서로 밀어내는 힘

탄성 한계 물체가 원래의 모양으로 되돌아갈 수 있는 한계

탄성 힘을 받아 변형된 물체가 원래의 모습으로 되돌아가려는 성질

탄성력 힘을 받아 변형된 물체가 원래 모습으로 되돌아가려는 힘

탄성체 탄성을 가진 물체

파동 물질의 한곳에서 만들어진 진동이 주위로 퍼져 나가는 현상

파원 파동이 시작되는 지점

파장 마루에서 다음 마루 또는 골에서 다음 골까지의 거리

허상 빛이 한 점에 모이지 않고 퍼져 나갈 때 이 빛들이 반대 방향으로 연장되어 만
　　나는 점에 생기는 상

횡파 매질의 진동 방향이 파동의 진행 방향에 수직인 파동

힘 물체의 모양이나 운동 상태를 변하게 하는 원인

힘의 3요소 힘의 방향, 힘의 크기, 힘의 작용점

화학

거름 혼합물에서 용매에 녹지 않는 물질을 거름 장치로 걸러서 분리하는 방법

고분자 무수히 많은 원자들로 이루어진 큰 분자

과포화 용액 포화 용액보다 용질이 더 녹아 있는 용액

균일 혼합물 성분 물질이 고르게 섞여 있는 물질

기체 반응 법칙 같은 온도와 압력에서 기체가 반응하여 새로운 기체를 생성할 때 각
　　기체 사이에는 일정한 부피비가 성립한다는 법칙

기체의 압력(기압) 기체 입자가 일정한 넓이에 충돌할 때 가하는 힘의 크기

기화 액체가 기체로 상태가 변하는 현상

기화열 기화할 때 흡수하는 열에너지

끓는점 액체가 끓어 기체로 상태 변화(기화)하는 동안 일정하게 유지되는 온도

녹는점 고체가 녹아 액체로 상태 변화(융해)하는 동안 일정하게 유지되는 온도

대기압 지구를 둘러싸고 있는 공기의 압력

도체 고체 물질 중에서 철이나 구리처럼 전류가 잘 통하는 물질

물리 변화 물질의 모양, 크기, 상태가 변하더라도 물질이 가지고 있는 성질은 변하지 않는 현상

물질의 특성 물질의 여러 가지 성질 중에서 그 물질만이 나타내는 고유한 성질

밀도 단위 부피에 해당하는 질량

반응물(반응 물질) 화학 반응에 참여하는 물질

반응열 화학 반응이 일어나는 동안 방출하거나 흡수하는 열

발열 반응 화학 반응이 일어날 때 열을 방출하는 반응

보일 법칙 일정한 온도에서 일정량의 기체의 압력과 부피는 서로 반비례한다는 법칙

복분해 두 종류의 화합물이 반응할 때 서로의 성분을 바꾸어 새로운 두 종류의 화합물을 만드는 화학 반응

부도체 나무나 플라스틱처럼 전류가 잘 통하지 않는 물질

부피 물질이 차지하는 공간의 크기

분자 독립된 입자로 존재하며 물질의 성질을 나타내는 가장 작은 입자

분자식 분자를 이루는 원자의 종류와 수를 원소 기호를 사용하여 나타낸 것

분해 한 종류의 물질이 두 종류 이상의 물질로 나누어지는 화학 반응

불균일 혼합물 성분 물질이 고르지 않게 섞여 있는 물질

불꽃 반응 일부 금속이나 금속 원소를 포함한 물질을 겉불꽃에 넣으면 금속 원소의 종류에 따라 독특한 불꽃색이 나타나는 반응

불포화 용액 포화 용액보다 적은 양의 용질이 녹아 있어서 용질이 더 녹을 수 있는 용액

비전해질 물에 녹였을 때 전류가 흐르지 않는 물질

상태 변화 물질은 어느 한 가지 상태로만 존재하지 않고 다른 상태로 변할 수 있는데 이처럼 물질이 온도와 압력에 따라 상태가 변하는 것

생성물(생성 물질) 화학 반응 후 생성된 새로운 물질

샤를 법칙 압력이 일정할 때 일정량의 기체는 온도가 높아지면 부피가 일정한 비율로 증가한다는 법칙

석출 녹아 있던 용질이 고체로 되어 가라앉는 현상

선 스펙트럼 불꽃색을 분광기로 관찰했을 때 하나 또는 몇 개의 밝은 선이 특정 위치에 나타나는 것

수용액 용매가 물인 용액

순물질 우리 주위에 있는 물질 중에서 한 가지 물질로 이루어진 물질

스펙트럼 빛을 분광기에 통과시킬 때 나타나는 여러 가지 색깔의 띠

승화 고체가 기체 상태 또는 기체가 고체 상태로 변하는 현상

승화열 고체가 기체로 승화할 때 흡수하는 열에너지 또는 기체가 고체로 승화할 때
  방출하는 에너지

아보가드로 법칙 기체는 종류에 관계없이 온도와 압력이 일정하면 같은 부피 속에
  같은 수의 분자를 포함한다는 법칙

압력 일정한 넓이가 받는 힘

앙금 생성 반응 수용액 속에서 특정한 양이온과 음이온이 반응하여 물에 녹지 않는
  앙금을 만드는 반응

액화 기체가 액체로 상태가 변하는 현상

액화열 액화할 때 방출하는 열에너지

연소 물질이 산소와 빠르게 반응하여 열과 빛을 내면서 다른 물질로 변화는 화학 변화

양이온 (+)전하를 띤 입자

어는점 액체가 고체로 상태 변화(응고)하는 동안 일정하게 유지되는 온도

연속 스펙트럼 햇빛이나 형광등의 빛을 분광기로 관찰하면 나타나는 무지개와 같은
  연속적인 색의 띠

열분해 열에 의해 화합물이 나누어지는 반응

용매 다른 물질을 녹이는 물질

용액 용질과 용매가 고르게 섞여 있는 것

용질 다른 물질에 녹는 물질

용해 한 물질이 다른 물질에 녹아 고르게 섞이는 현상

용해도 어떤 온도에서 용매 100 g에 최대로 녹을 수 있는 용질의 g 수

원소 다른 물질로 분해되지 않으면서 물질을 이루는 기본 성분

원소 기호 원소를 알아보기 쉬운 간단한 기호로 나타낸 것

원자 물질을 구성하는 기본 단위 입자

융해 고체가 액체로 상태가 변하는 현상

융해열 고체에서 액체로 융해할 때 흡수하는 열에너지

음이온 (-)전하를 띤 입자

응고 액체가 고체로 상태가 변하는 현상

응고열 액체에서 고체로 응고할 때 방출하는 열에너지

이온 전하를 띤 입자

이온식 원소 기호의 오른쪽 위에 잃거나 얻은 전자의 개수와 전하의 종류를 함께 나타낸 것

일정 성분비 법칙 화합물을 구성하는 성분 원소 사이에는 항상 일정한 질량비가 성립한다는 법칙

재결정 적은 양의 불순물이 섞여 있는 고체 물질을 용매에 녹인 다음, 용액의 온도를 낮추거나 용매를 증발시켜 순수한 고체 물질을 얻는 방법

전기 분해 전기 에너지에 의해 화합물이 분해되는 반응

전해질 물에 녹였을 때 전류가 흐르는 물질

증류 액체 상태의 혼합물을 가열할 때 나오는 기체를 다시 냉각하여 순수한 액체 물질을 얻는 방법

증발 액체를 이루는 입자가 스스로 운동하여 액체의 표면에서 기체로 변하는 현상

질량 보존 법칙 화학 반응이 일어날 때, 반응하기 전 물질의 전체 질량은 반응 후 물질의 전체 질량과 같다는 법칙

촉매 다른 물질의 화학 반응 속도를 변화시키는 데 사용되는 물질

촉매 분해 촉매에 의해 화합물이 나누어지는 반응

추출 혼합물에서 특정 성분을 잘 녹이는 용매를 사용하여 그 성분을 분리하는 것

치환 화합물을 구성하던 성분의 일부가 다른 성분으로 바뀌는 화학 반응

크로마토그래피 혼합물을 이루는 성분 물질이 용매를 따라 이동하는 속도 차를 이용하여 혼합물을 분리하는 방법

포화 용액 어떤 온도에서 일정한 양의 용매에 용질이 최대로 녹아 있는 용액

혼합물 두 가지 이상의 순물질이 섞여 있는 물질

홑원소 물질 순물질 중에서 금, 산소, 다이아몬드처럼 한 종류의 원소로 이루어진 물질

화학 반응 물질의 화학 변화가 일어나는 반응으로, 어떤 물질의 성질이 변화하는 과정

화학 반응식 화학 변화가 일어날 때 물질들의 변화를 화학식과 기호로 나타낸 식

화학 변화 어떤 물질이 본래의 성질과는 전혀 다른 성질의 새로운 물질로 변하는 현상

화학식 물질을 이루는 성분 원소를 원소 기호로, 물질을 이루는 원자의 개수를 숫자로 표현한 것

화합 두 종류 이상의 물질이 반응하여 한 종류의 새로운 물질을 만드는 화학 반응

화합물 두 종류 이상의 원소들이 일정한 비율로 구성된 순물질

확산 물질을 이루는 입자가 스스로 운동하여 퍼져 나가는 현상

흡열 반응 열을 흡수하는 반응

중학과학 개념 레시피 (물리·화학)

1판 1쇄 펴냄 | 2019년 2월 28일
1판 8쇄 펴냄 | 2024년 10월 30일

지은이 | 김청해 · 장은경
발행인 | 김병준 · 고세규
편 집 | 이호정
기 획 | EBS MEDIA
마케팅 | 정현우
본문 삽화 | 김재희
표지디자인 | 이순연
본문디자인 | 종이비행기
발행처 | 상상아카데미

등록 | 2010. 3. 11. 제313-2010-77호
주소 | 경기도 파주시 회동길 37-42 파주출판도시
전화 | 02-6953-7790(편집), 031-955-1321(영업)
팩스 | 031-955-1322
전자우편 | main@sangsangaca.com
홈페이지 | http://sangsangaca.com

ISBN 979-11-85402-21-5 43400